阴那山药用植物图谱

Yinna shan Yaoyong Zhiwu Tupu

林大都　翟明　主编

SPM 南方传媒 | 广东科技出版社 全国优秀出版社
·广州·

图书在版编目（CIP）数据

阴那山药用植物图谱 / 林大都, 翟明主编. — 广州：广东科技出版社, 2023.1
　ISBN 978-7-5359-7905-6

Ⅰ.①阴… Ⅱ.①林…②翟… Ⅲ.①药用植物—梅县—图谱 Ⅳ.①S567-64

中国版本图书馆CIP数据核字（2022）第135200号

阴那山药用植物图谱
Yinna shan Yaoyong Zhiwu Tupu

出 版 人：	严奉强
责任编辑：	黎青青　方　敏
装帧设计：	友间文化
责任校对：	曾乐慧　李云柯
责任印制：	彭海波
出版发行：	广东科技出版社
	（广州市环市东路水荫路11号　邮政编码：510075）
销售热线：	020-37607413
	http://www.gdstp.com.cn
	E-mail: gdkjbw@nfcb.com.cn
经　　销：	广东新华发行集团股份有限公司
印　　刷：	广州市彩源印刷有限公司
	（广州市黄埔区百合3路8号　邮政编码：510700）
规　　格：	787 mm×1 092 mm　1/16　印张15.5　字数310千
版　　次：	2023年1月第1版
	2023年1月第1次印刷
定　　价：	128.00元

如发现因印装质量问题影响阅读，请与广东科技出版社印制室联系调换（电话：020-37607272）。

林大都

中药学硕士研究生，2013年毕业于广州中医药大学，现任嘉应学院医学院讲师，长期从事药学专业教学工作。主讲课程包括"野外采药实践""天然药物化学"和"波谱解析"，主要研究方向为客家特色中草药资源开发研究。主持省市级课题3项，参与国家级课题1项，参编专著《中药破壁饮片》《天然药物化学》，在国内外以第一作者或通讯作者发表论文20余篇。2017—2022年参加第四次全国中药资源普查，2018年主持子项目——广东省大埔县中药资源普查项目，并重点参与了梅县区、梅江区和兴宁市中药资源普查项目。

翟 明

硕士研究生，2010年毕业于广州中医药大学，执业中药师。现任嘉应学院生药学讲师，长期从事药用植物学、生药学、客家中草药、野外采药实践等课程的教学工作。近年来负责第四次全国中药资源普查项目，主要研究方向为种质资源、药材质量标准研究。在省级以上期刊发表论文20余篇，其中1篇获市级科技论文成果二等奖。主持省级课题1项，参与4项（均排名前三），主持市级课题4项。参编专著《药用植物与天然药物学基础》《药用植物学》《客家养生药膳》《30种岭南中药材规范化种植技术》《天然药物学》。发明专利3项。

编委会名单

Bianweihui Mingdan

主 编

林大都 翟 明

副 主 编

罗宝平 张声源 杨亚利

编 委

李兰芳 张宽云 张 超 李俊芳

蔡志达 仝盼盼

前言 Preface

阴那山省级自然保护区位于广东省东北部的梅州市梅县区雁洋镇,地理位置处于东经116°21′31″~116°25′38″,北纬24°21′34″~24°25′32″。其东至大埔县界,南、西、北与梅县区雁洋镇相连接。保护区类型为森林和野生动植物及湿地类型,主要保护对象为亚热带常绿阔叶林及珍稀动植物。阴那山呈东北—西南走向,是形成于1亿多年前的中生代造山运动期的褶皱—断层山脉,其主峰——五指峰海拔1 298m,为梅县区第一高峰,与其附近的山峰均由十分坚硬的石英砂岩组成,形成了陡峭的山体和断崖。

据前期调查,保护区内有植物700多种,其中,有国家一级保护植物南方红豆杉,二级保护植物桫椤、粗齿桫椤、金毛狗脊、七叶一枝花、蛇足石杉、钩距虾脊兰、金线兰、斑叶兰、高斑叶兰、巴戟天(中国特有),三级保护植物白桂木,广东省重点保护植物穗花杉等。

梅州是客家人比较集中的聚居地之一,被誉为"世界客都"。梅州地区的人民有自己的用药习惯,"随手采来顺手医"是当地群众常用的医治方法。梅州民间应用中草药防病治病有上百年的历史,积累了丰富的经验。梅县区阴那山省级自然保护区植物种类繁多,其中绝大多数是药用植物。这些药用植物对于保障人民身体健康,继承和发扬传统中医药文化有着十分重要的意义。

本书记载药用植物共421种,收录了彩色照片800余幅,全部拍摄于阴那山省级自然保护区。阴那山省级自然保护区为嘉应学院药学专业实践教学基地，本书的顺利出版将为学生对药用植物的辨识提供更直观的参考，并更好地发挥实践教学功能。

嘉应学院自药学专业成立以来一直开展野外采药实践，熟悉梅州各地中药资源的分布情况。本书的编者自2013年起就一直带领药学专业学生于阴那山开展野外采药实践，熟悉阴那山的地形地貌及植物的类型与分布，积累了宝贵的实践经验，为本书的顺利出版提供了一定帮助。

由于编者整理及编写水平有限，本书可能存在疏漏之处，敬请读者批评指正。

编者

本书获国家中医药管理局"全国中药资源普查项目"（财社〔2018〕43号、财社〔2019〕39号）、2021年度广东省中医药管理局科研课题中药资源普查专项（20216009）、2021年嘉应学院教学质量与教学改革工程项目（梅县阴那山省级自然保护区药学专业实践教学基地）、广东省科技计划项目—广东省山区特色农业资源保护与精准利用重点实验室（2020B121201013）资助出版。

目录 Contents

◆ 菌 类 ◆

多孔菌科　　紫芝 *Ganoderma sinense* Zhao, Xu et Zhang / 002

◆ 苔藓类 ◆

地钱科　　地钱 *Marchantia polymorpha* L. / 004

◆ 蕨 类 ◆

石杉科　　蛇足石杉 *Huperzia serrata* (Thunb. ex Murray) Trev. / 006
石松科　　藤石松 *Lycopodiastrum casuarinoides* (Spring) Holub ex Dixit / 006
　　　　　　石松 *Lycopodium japonicum* Thunb. ex Murray / 007
　　　　　　扁枝石松 *Diphasiastrum complanatum* (L) Holub. / 007
　　　　　　垂穗石松 *Palhinhaea cernua* (L.) Vasc. et Franco / 008
卷柏科　　深绿卷柏 *Selaginella doederleinii* Hieron. / 008
　　　　　　江南卷柏 *Selaginella moellendorffii* Hieron. / 009
　　　　　　翠云草 *Selaginella uncinata* (Desv.) Spring / 009
木贼科　　节节草 *Equisetum ramosissimum* Desf. / 010
瓶尔小草科　　瓶尔小草 *Ophioglossum vulgatum* L. / 010
观音座莲科　　福建观音座莲 *Angiopteris fokiensis* Hieron. / 011
紫萁科　　紫萁 *Osmunda japonica* Thunb. / 011
　　　　　　华南紫萁 *Osmunda vachellii* Hook. / 012
瘤足蕨科　　镰叶瘤足蕨 *Plagiogyria distinctissima* Ching / 012

里白科	芒萁 *Dicranopteris pedata* (Houttuyn) Nakaike / 013
	中华里白 *Diplopterygium chinense* (Rosenstock) De Vol / 013
海金沙科	海金沙 *Lygodium japonicum* (Thunb.) Sw. / 014
	小叶海金沙 *Lygodium microphyllum* (Cavanilles) R. Brown / 014
蚌壳蕨科	金毛狗 *Cibotium barometz* (L.) J. Sm. / 015
桫椤科	桫椤 *Alsophila spinulosa* (Wall. ex Hook.) R. M. Tryon / 015
陵齿蕨科	团叶陵齿蕨 *Lindsaea orbiculata* (Lam.) Mett. ex Kuhn / 016
	乌蕨 *Stenoloma chusanum* Ching / 016
姬蕨科	华南鳞盖蕨 *Microlepia hancei* Prantl / 017
	边缘鳞盖蕨 *Microlepia marginata* (Houtt.) C. Chr. / 017
蕨科	蕨 *Pteridium aquilinum* (L.) Kuhn var. *latiusculum* (Desv.) Underw. ex Heller / 018
凤尾蕨科	刺齿半边旗 *Pteris dispar* Kze. / 018
	剑叶凤尾蕨 *Pteris ensiformis* Burm. / 019
	傅氏凤尾蕨 *Pteris fauriei* Hieron. / 019
	全缘凤尾蕨 *Pteris insignis* Mett. ex Kuhn / 020
	井栏边草 *Pteris multifida* Poir. / 020
	半边旗 *Pteris semipinnata* L. Sp. / 021
	蜈蚣草 *Pteris vittata* L. / 021
中国蕨科	野雉尾金粉蕨 *Onychium japonicum* (Thunb.) Kze. / 022

目录 | 3

铁线蕨科	扇叶铁线蕨 *Adiantum flabellulatum* L. / 022	
裸子蕨科	凤丫蕨 *Coniogramme japonica* (Thunb.) Diels / 023	
书带蕨科	书带蕨 *Vittaria flexuosa* Fee / 023	
蹄盖蕨科	毛柄短肠蕨 *Allantodia dilatata* (Bl.) Ching / 024	
	双盖蕨 *Diplazium donianum* (Mett.) Tard.-Blot / 024	
	单叶双盖蕨 *Diplazium subsinuatum* (Wall. ex Hook. et Grev.) Tagawa / 025	
金星蕨科	华南毛蕨 *Cyclosorus parasiticus* (L.) Farwell. / 025	
铁角蕨科	胎生铁角蕨 *Asplenium indicum* Sledge / 026	
	北京铁角蕨 *Asplenium pekinense* Hance / 026	
	倒挂铁角蕨 *Asplenium normale* Don / 027	
乌毛蕨科	乌毛蕨 *Blechnum orientale* L. / 027	
	狗脊 *Woodwardia japonica* (L. F.) Sm. / 028	
	珠芽狗脊 *Woodwardia prolifera* Hook. et Arn. / 028	
鳞毛蕨科	中华复叶耳蕨 *Arachniodes chinensis* (Rosenst.) Ching / 029	
	贯众 *Cyrtomium fortunei* J. Sm. / 029	
	阔鳞鳞毛蕨 *Dryopteris championii* (Benth.) C. Chr. / 030	
叉蕨科	三叉蕨 *Tectaria subtriphylla* (Hook. et Arn.) Cop. / 030	
实蕨科	华南实蕨 *Bolbitis subcordata* (Cop.) Ching / 031	
肾蕨科	肾蕨 *Nephrolepis cordifolia* (L.) C. Presl / 031	
水龙骨科	友水龙骨 *Polypodiodes amoena* (Wall. ex Mett.) Ching / 032	

	伏石蕨 *Lemmaphyllum microphyllum* C. Presl / 032
	扭瓦韦 *Lepisorus contortus* (Christ) Ching / 033
	江南星蕨 *Microsorum fortunei* (T. Moore) Ching / 033
	羽裂星蕨 *Microsorum insigne* (Blume) Copel. / 034
	盾蕨 *Neolepisorus ovatus* (Bedd.) Ching / 034
	石韦 *Pyrrosia lingua* (Thunb.) Farwell / 035
槲蕨科	槲蕨 *Drynaria roosii* Nakaike / 035

◆ 裸子植物 ◆

松科	马尾松 *Pinus massoniana* Lamb. / 037
杉科	杉木 *Cunninghamia lanceolata* (Lamb.) Hook. / 037
柏科	侧柏 *Platycladus orientalis* (L.) Franco / 038
红豆杉科	穗花杉 *Amentotaxus argotaenia* (Hance) Pilger / 038
	南方红豆杉 *Taxus chinensis* (Pilger) Rehd. var. *mairei* (Lemee et Levl.) Cheng et L. K. Fu / 039
买麻藤科	小叶买麻藤 *Gnetum parvifolium* (Warb.) C. Y. Cheng ex Chun / 039

◆ 被子植物（双子叶植物）◆

榆科	糙叶树 *Aphananthe aspera* (Thunb.) Planch. / 041
	朴树 *Celtis sinensis* Pers. / 041
	山黄麻 *Trema tomentosa* (Roxb.) Hara / 042
桑科	白桂木 *Artocarpus hypargyreus* Hance / 042
	藤构 *Broussonetia kaempferi* Sieb. var. *australis* Suzuki / 043
	构树 *Broussonetia papyrifera* (L.) L'Hert. ex Vent. / 043
	琴叶榕 *Ficus pandurata* Hance / 044
	台湾榕 *Ficus formosana* Maxim. / 044
	薜荔 *Ficus pumila* L. / 045

	绿黄葛树 *Ficus virens* Ait. / 045
	桑 *Morus alba* L. / 046
荨麻科	苎麻 *Boehmeria nivea* (L.) Gaudich. / 046
	多序楼梯草 *Elatostema macintyrei* Dunn / 047
	糯米团 *Gonostegia hirta* (Bl.) Miq. / 047
	紫麻 *Oreocnide frutescens* (Thunb.) Miq. / 048
	小叶冷水花 *Pilea microphylla* (L.) Liebm. / 048
	矮冷水花 *Pilea peploides* (Gaudich.) Hook. et Arn. / 049
	雾水葛 *Pouzolzia zeylanica* (L.) Benn. / 049
檀香科	寄生藤 *Dendrotrophe frutescens* (Champ. ex Benth.) Danser / 050
桑寄生科	桑寄生 *Taxillus sutchuenensis* (Lecomte) Danser / 050
	棱枝槲寄生 *Viscum diospyrosicolum* Hayata / 051
蛇菰科	红冬蛇菰 *Balanophora harlandii* Hook. f. / 051
蓼科	金线草 *Antenoron filiforme* (Thunb.) Rob. et Vaut. / 052
	何首乌 *Fallopia multiflora* (Thunb.) Harald. / 052
	火炭母 *Polygonum chinense* L. / 053
	蚕茧草 *Polygonum japonicum* Meisn. / 053
	杠板归 *Polygonum perfoliatum* L. / 054
	虎杖 *Reynoutria japonica* Houtt. / 054
商陆科	垂序商陆 *Phytolacca americana* L. / 055
紫茉莉科	光叶子花 *Bougainvillea glabra* Choisy / 055

	紫茉莉 *Mirabilis jalapa* L. / 056
马齿苋科	马齿苋 *Portulaca oleracea* L. / 056
	土人参 *Talinum paniculatum* (Jacq.) Gaertn. / 057
石竹科	鹅肠菜 *Myosoton aquaticum* (L.) Moench / 057
苋科	莲子草 *Alternanthera sessilis* (L.) DC. / 058
	青葙 *Celosia argentea* L. / 058
木兰科	南五味子 *Kadsura longipedunculata* Finet et Gagnep. / 059
番荔枝科	假鹰爪 *Desmos chinensis* Lour. / 059
	瓜馥木 *Fissistigma oldhamii* (Hemsl.) Merr. / 060
樟科	阴香 *Cinnamomum burmannii* (Nees & T.Nees) Blume / 060
	樟 *Cinnamomum camphora* (L.) Presl / 061
	乌药 *Lindera aggregata* (Sims) Kosterm. / 061
	香叶树 *Lindera communis* Hemsl. / 062
	黑壳楠 *Lindera megaphylla* Hemsl. / 062
	山鸡椒 *Litsea cubeba* (Lour.) Pers. / 063
	绒毛润楠 *Machilus velutina* Champ. ex Benth. / 063
	鸭公树 *Neolitsea chuii* Merrill. / 064
	紫楠 *Phoebe sheareri* (Hemsl.) Gamble / 064
毛茛科	威灵仙 *Clematis chinensis* Osbeck / 065
	石龙芮 *Ranunculus sceleratus* L. / 065
	禺毛茛 *Ranunculus cantoniensis* DC. / 066

小檗科	沈氏十大功劳 *Mahonia shenii* W. Y. Chun / 066	
防己科	木防己 *Cocculus orbiculatus* (L.) DC. / 067	
	毛叶轮环藤 *Cyclea barbata* Miers / 067	
	粉叶轮环藤 *Cyclea hypoglauca* (Schauer) Diels / 068	
	细圆藤 *Pericampylus glaucus* (Lam.) Merr. / 068	
	粪箕笃 *Stephania longa* Lour. / 069	
三白草科	蕺菜 *Houttuynia cordata* Thunb. / 069	
胡椒科	草胡椒 *Peperomia pellucida* (L.) Kunth / 070	
	山蒟 *Piper hancei* Maxim. / 070	
金粟兰科	宽叶金粟兰 *Chloranthus henryi* Hemsl. / 071	
	草珊瑚 *Sarcandra glabra* (Thunb.) Nakai / 071	
马兜铃科	广西马兜铃 *Aristolochia kwangsiensis* Chun et How ex C. F. Liang / 072	
	尾花细辛 *Asarum caudigerum* Hance / 072	
猕猴桃科	水东哥 *Saurauia tristyla* DC. / 073	
山茶科	二列叶柃 *Eurya distichophylla* Hemsl. / 073	
藤黄科	薄叶红厚壳 *Calophyllum membranaceum* Gardn. et Champ. / 074	
	岭南山竹子 *Garcinia oblongifolia* Champ. ex Benth. / 074	
	地耳草 *Hypericum japonicum* Thunb. ex Murray / 075	
	元宝草 *Hypericum sampsonii* Hance / 075	
茅膏菜科	匙叶茅膏菜 *Drosera spatulata* Labillardiere / 076	
十字花科	荠 *Capsella bursa-pastoris* (L.) Medic. / 076	
	碎米荠 *Cardamine hirsuta* L. / 077	
金缕梅科	枫香树 *Liquidambar formosana* Hance / 077	
虎耳草科	常山 *Dichroa febrifuga* Lour. / 078	
	圆锥绣球 *Hydrangea paniculata* Sieb. / 078	
	虎耳草 *Saxifraga stolonifera* Curt. / 079	
海桐花科	海金子 *Pittosporum illicioides* Mak. / 079	
蔷薇科	龙芽草 *Agrimonia pilosa* Ldb. / 080	
	桃 *Amygdalus persica* L. / 080	

蛇莓 *Duchesnea indica* (Andr.) Focke / 081

枇杷 *Eriobotrya japonica* (Thunb.) Lindl. / 081

大叶桂樱 *Laurocerasus zippeliana* (Miq.) Yü / 082

李 *Prunus salicina* Lindl. / 082

石斑木 *Rhaphiolepis indica* (L.) Lindley / 083

金樱子 *Rosa laevigata* Michx. / 083

锈毛莓 *Rubus reflexus* Ker / 084

红腺悬钩子 *Rubus sumatranus* Miq. / 084

寒莓 *Rubus buergeri* Miq. / 085

高粱泡 *Rubus lambertianus* Ser. / 085

茅莓 *Rubus parvifolius* L. / 086

空心泡 *Rubus rosaefolius* Smith / 086

豆科

猴耳环 *Pithecellobium clypearia* (Jack) Benth / 087

紫云英 *Astragalus sinicus* L. / 087

龙须藤 *Bauhinia championii* (Benth.) Benth. / 088

藤槐 *Bowringia callicarpa* Camp. ex Benth. / 088

含羞草决明 *Cassia mimosoides* L. / 089

南岭黄檀 *Dalbergia balansae* Prain / 089

假地豆 *Desmodium heterocarpon* (L.) DC. / 090

华南皂荚 *Gleditsia fera* (Lour.) Merr. / 090

鸡眼草 *Kummerowia striata* (Thunb.) Schindl. / 091

厚果崖豆藤 *Millettia pachycarpa* Benth. / 091

香花崖豆藤 *Millettia dielsiana* Harms / 092

含羞草 *Mimosa pudica* L. / 092

亮叶猴耳环 *Archidendron lucidum* (Benth) I. C. Nielsen / 093

葛 *Pueraria lobata* (Willd.) Ohwi / 093

鹿藿 *Rhynchosia volubilis* Lour. / 094

密花豆 *Spatholobus suberectus* Dunn / 094

葫芦茶 *Tadehagi triquetrum* (L.) Ohashi / 095

酢浆草科　　酢浆草 *Oxalis corniculata* L. / 095

　　　　　　　红花酢浆草 *Oxalis corymbosa* DC. / 096

大戟科　　红背山麻杆 *Alchornea trewioides* (Benth.) Muell. Arg. / 096

　　　　　　　通奶草 *Euphorbia hypericifolia* L. / 097

　　　　　　　飞扬草 *Euphorbia hirta* L. / 097

　　　　　　　千根草 *Euphorbia thymifolia* L. / 098

　　　　　　　白饭树 *Flueggea virosa* (Roxb. ex Willd.) Voigt / 098

　　　　　　　毛果算盘子 *Glochidion eriocarpum* Champ. ex Benth. / 099

　　　　　　　白背叶 *Mallotus apelta* (Lour.) Muell. Arg. / 099

　　　　　　　叶下珠 *Phyllanthus urinaria* L. / 100

　　　　　　　蓖麻 *Ricinus communis* L. / 100

　　　　　　　乌桕 *Sapium sebifera* (L.) Roxb. / 101

　　　　　　　山乌桕 *Triadica cochinchinensis* Loureiro / 101

虎皮楠科　　牛耳枫 *Daphniphyllum calycinum* Benth. / 102

芸香科　　柚 *Citrus maxima* (Burm.) Merr. / 102

　　　　　　　黄皮 *Clausena lansium* (Lour.) Skeels / 103

　　　　　　　三桠苦 *Melicope pteleifolia* (Champion ex Bentham) T. G. Hartley / 103

　　　　　　　九里香 *Murraya exotica* L. / 104

　　　　　　　飞龙掌血 *Toddalia asiatica* (L.) Lam. / 104

　　　　　　　竹叶花椒 *Zanthoxylum armatum* DC. / 105

　　　　　　　两面针 *Zanthoxylum nitidum* (Roxb.) DC. / 105

橄榄科	橄榄 Canarium album (Lour.) Raeusch. / 106	
楝科	麻楝 Chukrasia tabularis A. Juss. / 106	
	楝 Melia azedarach L. / 107	
远志科	黄花倒水莲 Polygala fallax Hemsl. / 107	
	大叶金牛 Polygala latouchei Franch. / 108	
漆树科	南酸枣 Choerospondias axillaris (Roxb.) B. L. Burtt & A. W. Hill / 108	
	盐肤木 Rhus chinensis Mill. / 109	
凤仙花科	凤仙花 Impatiens balsamina L. / 109	
冬青科	秤星树 Ilex asprella (Hook. et Arn.) Champ. ex Benth. / 110	
	大叶冬青 Ilex latifolia Thunb. / 110	
	毛冬青 Ilex pubescens Hook. et Arn. / 111	
	铁冬青 Ilex rotunda Thunb. / 111	
卫矛科	青江藤 Celastrus hindsii Benth. / 112	
省沽油科	野鸦椿 Euscaphis japonica (Thunb.) Dippel / 112	
	锐尖山香圆 Turpinia arguta (Lindl.) Seem. / 113	
茶茱萸科	定心藤 Mappianthus iodoides Hand.-Mazz. / 113	
鼠李科	多花勾儿茶 Berchemia floribunda (Wall.) Brongn. / 114	
	枳椇 Hovenia acerba Lindl. / 114	
葡萄科	显齿蛇葡萄 Ampelopsis grossedentata (Hand.-Mazz.) W. T. Wang / 115	
	乌蔹莓 Cayratia japonica (Thunb.) Gagnep. / 115	

	异叶爬山虎 *Parthenocissus heterophylla* Merr. / 116
	扁担藤 *Tetrastigma planicaule* (Hook.) Gagnep. / 116
	三叶崖爬藤 *Tetrastigma hemsleyanum* Diels et Gilg / 117
锦葵科	黄葵 *Abelmoschus moschatus* Medicus / 117
	木芙蓉 *Hibiscus mutabilis* L. / 118
	朱槿 *Hibiscus rosa-sinensis* L. / 118
	赛葵 *Malvastrum coromandelianum* (L.) Gurcke / 119
	拔毒散 *Sida szechuensis* Matsuda / 119
	地桃花 *Urena lobata* L. / 120
椴树科	刺蒴麻 *Triumfetta rhomboidea* Jacq. / 120
梧桐科	翻白叶树 *Pterospermum heterophyllum* Hance / 121
瑞香科	了哥王 *Wikstroemia indica* (L.) C. A. Mey. / 121
	细轴荛花 *Wikstroemia nutans* Champ. ex Benth. / 122
堇菜科	如意草 *Viola hamiltoniana* D. Don / 122
	七星莲 *Viola diffusa* Ging. / 123
	长萼堇菜 *Viola inconspicua* Blume / 123
番木瓜科	番木瓜 *Carica papaya* L. / 124
秋海棠科	裂叶秋海棠 *Begonia palmata* D. Don / 124
葫芦科	绞股蓝 *Gynostemma pentaphyllum* (Thunb.) Makino / 125
	马㼎儿 *Zehneria indica* (Lour.) Keraudren / 125
千屈菜科	紫薇 *Lagerstroemia indica* L. / 126
桃金娘科	岗松 *Baeckea frutescens* L. / 126
	番石榴 *Psidium guajava* L. / 127
	桃金娘 *Rhodomyrtus tomentosa* (Ait.) Hassk. / 127
	赤楠 *Syzygium buxifolium* Hook. et Arn. / 128
野牡丹科	少花柏拉木 *Blastus pauciflorus* (Benth.) Guillaum. / 128
	柏拉木 *Blastus cochinchinensis* Lour. / 129
	鸭脚茶 *Bredia sinensis* (Diels) H. L. Li / 129
	异药花 *Fordiophyton faberi* Stapf / 130

	地菍 *Melastoma dodecandrum* Lour. / 130
	楮头红 *Sarcopyramis napalensis* Wallich / 131
柳叶菜科	长籽柳叶菜 *Epilobium pyrricholophum* Franch. et Savat. / 131
	草龙 *Ludwigia hyssopifolia* (G. Don) Exell. / 132
	毛草龙 *Ludwigia octovalvis* (Jacq.) Raven / 132
八角枫科	八角枫 *Alangium chinense* (Lour.) Harms / 133
山茱萸科	倒心叶珊瑚 *Aucuba obcordata* (Rehder) Fu / 133
五加科	变叶树参 *Dendropanax proteus* (Champ.) Benth. / 134
	白簕 *Eleutherococcus trifoliatus* (L.) S. Y. Hu / 134
	常春藤 *Hedera nepalensis* K.Koch var. *sinensis* (Tobl.) Rehd. / 135
	鹅掌柴 *Schefflera octophylla* Lour. Harms / 135
	鹅掌藤 *Schefflera arboricola* Hay. / 136
伞形科	积雪草 *Centella asiatica* (L.) Urban / 136
	天胡荽 *Hydrocotyle sibthorpioides* Lam. / 137
	红马蹄草 *Hydrocotyle nepalensis* Hook. / 137
紫金牛科	九管血 *Ardisia brevicaulis* Diels / 138
	朱砂根 *Ardisia crenata* Sims / 138
	山血丹 *Ardisia lindleyana* D. Dietrich / 139
	虎舌红 *Ardisia mamillata* Hance / 139
	莲座紫金牛 *Ardisia primulifolia* Gardner & Champion / 140
	百两金 *Ardisia crispa* (Thunb.) A. DC. / 140
	大罗伞树 *Ardisia hanceana* Mez / 141
	罗伞树 *Ardisia quinquegona* Blume / 141
	杜茎山 *Maesa japonica* (Thunb.) Moritzi. ex Zoll. / 142
	鲫鱼胆 *Maesa perlarius* (Lour.) Merr. / 142
报春花科	广西过路黄 *Lysimachia alfredii* Hance / 143
	红根草 *Salvia prionitis* Hance / 143
白花丹科	白花丹 *Plumbago zeylanica* L. / 144
柿科	柿 *Diospyros kaki* Thunb. / 144

山矾科	华山矾 *Symplocos chinensis* (Lour.) Druce / 145	
木犀科	小蜡 *Ligustrum sinense* Lour. / 145	
	木犀 *Osmanthus fragrans* (Thunb.) Lour. / 146	
马钱科	白背枫 *Buddleja asiatica* Lour. / 146	
	钩吻 *Gelsemium elegans* (Gardn. et Champ.) Benth. / 147	
龙胆科	五岭龙胆 *Gentiana davidii* Franch. / 147	
夹竹桃科	链珠藤 *Alyxia sinensis* Champ. ex Benth. / 148	
	长春花 *Catharanthus roseus* (L.) G. Don / 148	
	酸叶胶藤 *Urceola rosea* (Hooker & Arnott) D. J. Middleton / 149	
	夹竹桃 *Nerium indicum* Mill. / 149	
	羊角拗 *Strophanthus divaricatus* (Lour.) Hook. et Arn. / 150	
	络石 *Trachelospermum jasminoides* (Lindl.) Lem. / 150	
萝藦科	刺瓜 *Cynanchum corymbosum* Wight / 151	
茜草科	水团花 *Adina pilulifera* (Lam.) Franch. ex Drake / 151	
	流苏子 *Coptosapelta diffusa* (Champ. ex Benth.) Van Steenis / 152	
	拉拉藤（变种）*Galium aparine* L. var. *echinospermum* (Wallr.) Cuf. / 152	
	栀子 *Gardenia jasminoides* Ellis / 153	
	剑叶耳草 *Hedyotis caudatifolia* Merr. et Metcalf / 153	
	伞房花耳草 *Hedyotis corymbosa* (L.) Lam. / 154	
	白花蛇舌草 *Hedyotis diffusa* Willd. / 154	
	牛白藤 *Hedyotis hedyotidea* (DC.) Merr. / 155	
	粗毛耳草 *Hedyotis mellii* Tutch. / 155	
	玉叶金花 *Mussaenda pubescens* Ait. f. / 156	
	鸡矢藤 *Paederia scandens* (Lour.) Merr. / 156	
	九节 *Psychotria rubra* (Lour.) Poir / 157	
	金剑草 *Rubia alata* Roxb. / 157	
	钩藤 *Uncaria rhynchophylla* (Miq.) Miq. ex Havil. / 158	
旋花科	五爪金龙 *Ipomoea cairica* (L.) Sweet / 158	
马鞭草科	杜虹花 *Callicarpa formosana* Rolfe / 159	

阴那山药用植物图谱　　14

老鸦糊 *Callicarpa giraldii* Hesse ex Rehd. ／ 159

枇杷叶紫珠 *Callicarpa kochiana* Makino ／ 160

臭茉莉 *Clerodendrum chinense* var. *simplex* (Moldenke) S. L. Chen ／ 160

白花灯笼 *Clerodendrum fortunatum* L. ／ 161

马缨丹 *Lantana camara* L. ／ 161

黄荆 *Vitex negundo* L. ／ 162

唇形科

金疮小草 *Ajuga decumbens* Thunb. ／ 162

广防风 *Anisomeles indica* (L.) Kuntze ／ 163

肾茶 *Clerodendranthus spicatus* (Thunb.) C. Y. Wu ex H. W. Li ／ 163

细风轮菜 *Clinopodium gracile* (Benth.) Matsum. ／ 164

白花益母草 *Leonurus artemisia* var. *albiflorus* (Migo) S.Y.Hu ／ 164

薄荷 *Mentha haplocalyx* (Briq.) ／ 165

罗勒 *Ocimum basilicum* L. ／ 165

紫苏 *Perilla frutescens* (L.) Britt. ／ 166

半枝莲 *Scutellaria barbata* D. Don ／ 166

韩信草 *Scutellaria indica* L. ／ 167

地蚕 *Stachys geobombycis* C. Y. Wu ／ 167

血见愁 *Teucrium viscidum* Bl. ／ 168

茄科

夜香树 *Cestrum nocturnum* L. ／ 168

红丝线 *Lycianthes biflora* (Loureiro) Bitter ／ 169

枸杞 *Lycium chinense* Miller ／ 169

	白英 *Solanum lyratum* Thunb. / 170
	珊瑚樱 *Solanum pseudocapsicum* L. / 170
	少花龙葵 *Solanum americanum* Miller / 171
	喀西茄 *Solanum Khasianum* C. B. Clarke / 171
玄参科	毛麝香 *Adenosma glutinosum* (L.) Druce / 172
	旱田草 *Lindernia ruellioides* (Colsm.) Pennell / 172
	野甘草 *Scoparia dulcis* L. / 173
	爬岩红 *Veronicastrum axillare* (Sieb. et Zucc.) Yamazaki / 173
紫葳科	炮仗花 *Pyrostegia venusta* (Ker-Gawl.) Miers / 174
爵床科	钟花草 *Codonacanthus pauciflorus* (Nees) Nees / 174
	狗肝菜 *Dicliptera chinensis* (L.) Juss. / 175
	观音草 *Peristrophe bivalvis* (L.) Merrill / 175
	板蓝 *Baphicacanthus cusia* (Nees) Bremek. / 176
列当科	中国野菰 *Aeginetia sinensis* G. Beck / 176
车前科	车前 *Plantago asiatica* L. / 177
忍冬科	菰腺忍冬 *Lonicera hypoglauca* Miq. / 177
	忍冬 *Lonicera japonica* Thunb. / 178
	珊瑚树 *Viburnum odoratissimum* Ker.-Gawl. / 178
败酱科	攀倒甑 *Patrinia villosa* (Thunb.) Juss. / 179
桔梗科	金钱豹 *Campanumoea javanica* Bl. / 179
	长叶轮钟草 *Campanumoea lancifola* (Roxb.) Merr. / 180
	线萼山梗菜 *Lobelia melliana* E. Wimm. / 180
	半边莲 *Lobelia chinensis* Lour. / 181
	卵叶半边莲 *Lobelia zeylanica* L. / 181
	铜锤玉带草 *Pratia nummularia* (Lam.) A. Br. et Aschers. / 182
菊科	藿香蓟 *Ageratum conyzoides* L. / 182
	杏香兔儿风 *Ainsliaea fragrans* Champ. / 183
	灯台兔儿风 *Ainsliaea kawakamii* Hayata / 183
	五月艾 *Artemisia indica* Willd. / 184

白苞蒿 *Artemisia lactiflora* Wall. ex DC. / 184

鬼针草 *Bidens pilosa* L. / 185

馥芳艾纳香 *Blumea aromatica* DC. / 185

东风草 *Blumea megacephala* (Randeria) Chang et Tseng / 186

野菊 *Chrysanthemum indicum* L. / 186

鱼眼草 *Dichrocephala integrifolia* (L. f.) Kuntze / 187

鳢肠 *Eclipta prostrata* (L.) L. / 187

白花地胆草 *Elephantopus tomentosus* L. / 188

一点红 *Emilia sonchifolia* (L.) DC. / 188

小蓬草 *Conyza canadensis* (L.) Cronq. / 189

牛膝菊 *Galinsoga parviflora* Cav. / 189

鼠麴草 *Gnaphalium affine* D. Don. / 190

红凤菜 *Gynura bicolor* (Willd.) DC. / 190

羊耳菊 *Duhaldea cappa* (Buchanan-Hamilton ex D. Don) Pruski & Anderberg / 191

千里光 *Senecio scandens* Buch.-Ham. ex D. Don / 191

豨莶 *Sigesbeckia orientalis* L. / 192

一枝黄花 *Solidago decurrens* Lour. / 192

金钮扣 *Acmella paniculata* (Wallich ex Candolle) R. K. Jansen / 193

金腰箭 *Synedrella nodiflora* (L.) Gaertn. / 193

夜香牛 *Vernonia cinerea* (L.) Less. / 194

苍耳 *Xanthium strumarium* L. / 194

黄鹌菜 *Youngia japonica* (L.) DC. / 195

◆ 被子植物（单子叶植物）◆

百合科   薤白 *Allium macrostemon* Bunge / 197

天门冬 *Asparagus cochinchinensis* (Lour.) Merr. / 197

山菅 *Dianella ensifolia* (L.) DC. / 198

深裂竹根七 *Disporopsis pernyi* (Hua) Diels / 198

野百合 *Lilium brownii* F. E. Brown ex Miellez / 199

山麦冬 *Liriope spicata* (Thunb.) Lour. / 199

七叶一枝花 *Paris polyphylla* Smith / 200

大盖球子草 *Peliosanthes macrostegia* Hance / 200

菝葜 *Smilax china* L. / 201

土茯苓 *Smilax glabra* Roxb. / 201

粉背菝葜 *Smilax hypoglauca* Benth. / 202

折枝菝葜 *Smilax lanceifolia* var. *elongata* (Warb.) Wang et Tang / 202

暗色菝葜 *Smilax lanceifolia* var. *opaca* A. DC. / 203

牛尾菜 *Smilax riparia* A. DC. / 203

百部科 百部 *Stemona japonica* (Bl.) Miq / 204

石蒜科 石蒜 *Lycoris radiata* (L'Her.) Herb. / 204

鸭跖草科 竹节菜 *Commelina diffusa* N. L. Burm. / 205

大苞鸭跖草 *Commelina paludosa* Bl. / 205

聚花草 *Floscopa scandens* Lour. / 206

裸花水竹叶 *Murdannia nudiflora* (L.) Brenan / 206

杜若 *Pollia japonica* Thunb. / 207

禾本科 牛筋草 *Eleusine indica* (L.) Gaertn. / 207

淡竹叶 *Lophatherum gracile* Brongn. / 208

金丝草 *Pogonatherum crinitum* (Thunb.) Kunth / 208

棕榈科	棕竹 *Rhapis excelsa* (Thunb.) Henry ex Rehd. / 209
	棕榈 *Trachycarpus fortunei* (Hook.) H. Wendl. / 209
天南星科	石菖蒲 *Acorus tatarinowii* Schott / 210
	海芋 *Alocasia odora* (Roxburgh) K. Koch / 210
	芋 *Colocasia esculenta* (L.) Schott. / 211
	千年健 *Homalomena occulta* (Lour.) Schott / 211
	石柑子 *Pothos chinensis* (Raf.) Merr. / 212
	犁头尖 *Typhonium divaricatum* (L.) Decne. / 212
露兜树科	露兜草 *Pandanus austrosinensis* T. L. Wu / 213
莎草科	花葶薹草 *Carex scaposa* C. B. Clarke / 213
姜科	海南山姜 *Alpinia hainanensis* K. Schumann / 214
	山姜 *Alpinia japonica* (Thunb.) Miq. / 214
	华山姜 *Alpinia oblongifolia* Hayata / 215
	姜花 *Hedychium coronarium* Koen. / 215
	姜 *Zingiber officinale* Roscoe / 216
兰科	金线兰 *Anoectochilus roxburghii* (Wall.) Lindl. / 216
	钩距虾脊兰 *Calanthe graciliflora* Hayata / 217
	高斑叶兰 *Goodyera procera* (Ker.-Gawl.) Hook. / 217
	斑叶兰 *Goodyera schlechtendaliana* Rchb. F. / 218
	见血青 *Liparis nervosa* (Thunb. ex A. Murray) Lindl. / 218

菌类

阴那山药用植物图谱

紫芝

Ganoderma sinense Zhao, Xu et Zhang

多孔菌科

功效： 补气安神，止咳平喘（干燥子实体）。

阴那山药用植物图谱

苔藓类

地钱

地钱科

Marchantia polymorpha L.

功效：解毒，祛瘀，生肌（全草）。

蕨类

阴那山药用植物图谱

蛇足石杉

石杉科

Huperzia serrata (Thunb. ex Murray) Trev.

功效：清热解毒，燥湿敛疮，止血定痛，散瘀消肿（全草）。

藤石松

石松科

Lycopodiastrum casuarinoides (Spring) Holub ex Dixit

功效：祛风除湿，舒筋活血，明目，解毒（全草）。

石松

Lycopodium japonicum Thunb. ex Murray

石松科

功效： 祛风除湿，舒经活络（全草）。

扁枝石松

Diphasiastrum complanatum (L) Holub.

石松科

功效： 活血，止痛（全草）。

垂穗石松

石松科

Palhinhaea cernua (L.) Vasc. et Franco

功效：祛风湿，舒筋络，活血，止血（全草）。

深绿卷柏

卷柏科

Selaginella doederleinii Hieron.

功效：清热解毒，祛风除湿，止血（全草）。

卷柏科 **江南卷柏**
Selaginella moellendorffii Hieron.

功效： 清热利尿，活血消肿（全草）。

卷柏科 **翠云草**
Selaginella uncinata (Desv.) Spring

功效： 清热利湿，止血，解毒（全草）。

节节草

木贼科

Equisetum ramosissimum Desf.

功效：清热，利尿，明目退翳，祛痰止咳（全草）。

瓶尔小草

瓶尔小草科

Ophioglossum vulgatum L.

功效：清热凉血，镇痛，解毒（全草）。

福建观音座莲

Angiopteris fokiensis Hieron.

观音座莲科

功效：清热凉血，祛瘀止血，镇痛安神（根茎）。

紫萁

Osmunda japonica Thunb.

紫萁科

功效：清热解毒，止血（根状茎和幼叶上的细毛）。

华南紫萁

紫萁科

Osmunda vachellii Hook.

功效：清热解毒，祛湿舒筋，驱虫（根茎及叶柄的髓部）。

镰叶瘤足蕨

瘤足蕨科

Plagiogyria distinctissima Ching

功效：发表清热，祛风止痒，透疹（全草或根茎）。

芒萁

Dicranopteris pedata (Houttuyn) Nakaike

里白科

功效：清热利尿，化瘀，止血（全草或根状茎）。

中华里白

Diplopterygium chinense (Rosenstock) De Vol

里白科

功效：止血，接骨（根茎）。

海金沙

Lygodium japonicum (Thunb.) Sw.

海金沙科

功效：清利湿热，通淋止痛（孢子）。

小叶海金沙

Lygodium microphyllum (Cavanilles) R. Brown

海金沙科

功效：清热解毒，利水通淋（成熟孢子）。

金毛狗
Cibotium barometz (L.) J. Sm.

蚌壳蕨科

功效： 清热解毒，除湿消肿，止血生肌（全草或根茎）。

桫椤
Alsophila spinulosa (Wall. ex Hook.) R. M. Tryon

桫椤科

功效： 祛风除湿，活血通络，止咳平喘，清热解毒，杀虫（茎）。

团叶陵齿蕨

陵齿蕨科

Lindsaea orbiculata (Lam.) Mett. ex Kuhn

功效：清热解毒，止血（全草）。

乌蕨

陵齿蕨科

Stenoloma chusanum Ching

功效：清热，解毒，利湿，止血（全草）。

华南鳞盖蕨

Microlepia hancei Prantl

姬蕨科

功效：清热，利湿（全草）。

边缘鳞盖蕨

Microlepia marginata (Houtt.) C. Chr.

姬蕨科

功效：清热解毒，祛风活络（嫩叶）。

蕨科

蕨

Pteridium aquilinum (L.) Kuhn var. *latiusculum* (Desv.) Underw.ex Heller

功效： 清热利湿，止血，降气化痰（嫩叶）。

凤尾蕨科

刺齿半边旗

Pteris dispar Kze.

功效： 清热解毒，祛瘀凉血（全草）。

凤尾蕨科

剑叶凤尾蕨
Pteris ensiformis Burm.

功效： 清热，利湿，凉血，解毒（全草）。

凤尾蕨科

傅氏凤尾蕨
Pteris fauriei Hieron.

功效： 清热利湿，祛风定惊，敛疮止血（叶）。

全缘凤尾蕨

Pteris insignis Mett. ex Kuhn

凤尾蕨科

功效：清热利湿，活血消肿（全草）。

井栏边草

Pteris multifida Poir.

凤尾蕨科

功效：清热利湿，解毒止痢，凉血止血（全草）。

蕨类 | 021

凤尾蕨科 半边旗
Pteris semipinnata L. Sp.

功效：清热解毒，消肿止痛（全草）。

凤尾蕨科 蜈蚣草
Pteris vittata L.

功效：祛风除湿，舒筋活络，解毒杀虫（全草或根茎）。

中国蕨科

野雉尾金粉蕨
Onychium japonicum (Thunb.) Kze.

功效：清热解毒，止血，利湿（全草或叶）。

铁线蕨科

扇叶铁线蕨
Adiantum flabellulatum L.

功效：清热，利湿，消瘀，散肿（全草）。

蕨 类 | 023

凤丫蕨
Coniogramme japonica (Thunb.) Diels

裸子蕨科

功效：祛风除湿，活血止痛，清热解毒（根状茎及全草）。

书带蕨
Vittaria flexuosa Fee

书带蕨科

功效：疏风清热，舒筋止痛，健脾消疳，止血（全草）。

毛柄短肠蕨

蹄盖蕨科

Allantodia dilatata (Bl.) Ching

功效： 清热解毒，祛湿，驱虫（根茎）。

双盖蕨

蹄盖蕨科

Diplazium donianum (Mett.) Tard.-Blot

功效： 清热凉血，利尿通淋。

蹄盖蕨科

单叶双盖蕨

Diplazium subsinuatum (Wall. ex Hook. et Grev.) Tagawa

功效： 清热凉血，利尿（全草）；
解毒，消肿（根状茎）。

金星蕨科

华南毛蕨

Cyclosorus parasiticus (L.) Farwell.

功效： 祛风，除湿（全草）。

胎生铁角蕨

铁角蕨科

Asplenium indicum Sledge

功效：舒筋通络，活血止痛（全草）。

北京铁角蕨

铁角蕨科

Asplenium pekinense Hance

功效：化痰止咳，清热解毒，止血（全草）。

铁角蕨科

倒挂铁角蕨

Asplenium normale Don

功效：清热解毒，止血（全草）。

乌毛蕨科

乌毛蕨

Blechnum orientale L.

功效：清热解毒，活血止血，驱虫（根茎）。

狗脊

乌毛蕨科

Woodwardia japonica (L. F.) Sm.

功效：清热解毒，杀虫，止血，祛风湿（根茎）。

珠芽狗脊

乌毛蕨科

Woodwardia prolifera Hook. et Arn.

功效：补肝肾，强腰膝，除风湿（根茎）。

中华复叶耳蕨

Arachniodes chinensis (Rosenst.) Ching

鳞毛蕨科

功效：清热解毒，消肿散瘀，止血（根茎）。

贯众

Cyrtomium fortunei J. Sm.

鳞毛蕨科

功效：清热解毒，凉血祛瘀，驱虫（根茎）。

阔鳞鳞毛蕨

Dryopteris championii (Benth.) C. Chr.

鳞毛蕨科

功效：清热解毒，平喘，止血敛疮，驱虫（根茎）。

三叉蕨

Tectaria subtriphylla (Hook. et Arn.) Cop.

叉蕨科

功效：祛风除湿，解毒止血（嫩叶）。

华南实蕨

Bolbitis subcordata (Cop.) Ching

实蕨科

功效：清热解毒，凉血止血（全草）。

肾蕨

Nephrolepis cordifolia (L.) C. Presl

肾蕨科

功效：清热利湿，通淋止咳，消肿解毒（根茎叶或全草）。

友水龙骨

水龙骨科

Polypodiodes amoena (Wall. ex Mett.) Ching

功效： 清热解毒，祛风除湿（根状茎）。

伏石蕨

水龙骨科

Lemmaphyllum microphyllum C. Presl

功效： 清肺止咳，凉血止血，清热解毒（全草）。

扭瓦韦

水龙骨科

Lepisorus contortus (Christ) Ching

功效：活血止痛，清热解毒（全草）。

江南星蕨

水龙骨科

Microsorum fortunei (T. Moore) Ching

功效：清热利湿，凉血止血，消肿止痛（全草或根状茎）。

羽裂星蕨

Microsorum insigne (Blume) Copel.

水龙骨科

功效：活血，祛湿，解毒（全草）。

盾蕨

Neolepisorus ovatus (Bedd.) Ching

水龙骨科

功效：清热利湿，止血，解毒（全草）。

水龙骨科	**石韦**
	Pyrrosia lingua (Thunb.) Farwell
	功效：利尿通淋，清肺止咳，凉血止血（全草）。

槲蕨科	**槲蕨**
	Drynaria roosii Nakaike
	功效：续伤止痛，补肾强骨（根茎）。

裸子植物

阴那山药用植物图谱

松科 马尾松

Pinus massoniana Lamb.

功效： 燥湿，收敛止血（花粉）。

杉科 杉木

Cunninghamia lanceolata (Lamb.) Hook.

功效： 祛风利湿，行气止痛（根）；祛风，化痰，活血，解毒（叶）。

侧柏

柏科

Platycladus orientalis (L.) Franco

功效：凉血止血，生发乌发（干燥枝梢及叶）。

穗花杉

红豆杉科

Amentotaxus argotaenia (Hance) Pilger

功效：止疼，生肌（根、树皮）；驱虫，消积（种子）。

南方红豆杉

红豆杉科

Taxus chinensis (Pilger) Rehd. var. mairei (Lemee et Levl.) Cheng et L. K. Fu

功效：消肿散结，通经利尿（根茎枝叶）；驱虫（种子）。

小叶买麻藤

买麻藤科

Gnetum parvifolium (Warb.) C. Y. Cheng ex Chun

功效：祛风活血，消肿止痛，化痰止咳（藤、根、叶）。

被子植物（双子叶植物）

阴那山药用植物图谱

榆科 糙叶树

Aphananthe aspera (Thunb.) Planch.

功效：舒筋活络，止痛（根皮、树皮）。

榆科 朴树

Celtis sinensis Pers.

功效：祛风透疹，消食化带（树皮）；清热，凉血，解毒（叶）；清热利咽（果实）。

山黄麻 榆科

Trema tomentosa (Roxb.) Hara

功效：散瘀，消肿，止血（根、叶）。

白桂木 桑科

Artocarpus hypargyreus Hance

功效：祛风利湿，活血通络（根）。

藤构

Broussonetia kaempferi Sieb. var. *australis* Suzuki

功效：止咳化痰（茎皮和根）。

构树

Broussonetia papyrifera (L.) L'Hert. ex Vent.

功效：补肾清肝，明目，利尿（果实）。

琴叶榕

桑科

Ficus pandurata Hance

功效：祛风除湿，解毒消肿，活血通经（根和叶）。

台湾榕

桑科

Ficus formosana Maxim.

功效：活血补血，催乳，止咳，祛风利湿，清热解毒（全株）。

被子植物（双子叶植物） | 045

桑科	**薜荔**

Ficus pumila L.

功效：祛风，利湿，活血，解毒（茎、叶）。

桑科	**绿黄葛树**

Ficus virens Ait.

功效：祛风通络，止痒敛疮，活血消肿（叶）。

桑

桑科

Morus alba L.

功效： 疏散风热，清肺润燥，清肝明目（叶）；补血滋阴，生津润燥（干燥果穗）；祛风湿，利关节（干燥嫩枝）。

苎麻

荨麻科

Boehmeria nivea (L.) Gaudich.

功效： 凉血止血，散瘀消肿，解毒（根和叶）。

荨麻科 多序楼梯草
Elatostema macintyrei Dunn

功效： 清热凉肝，润肺止咳，消肿止痛（全草）。

荨麻科 糯米团
Gonostegia hirta (Bl.) Miq.

功效： 清热利湿，健脾消积（根或茎叶）。

紫麻

荨麻科

Oreocnide frutescens (Thunb.) Miq.

功效：清热解毒，行气活血，透疹（全株）。

小叶冷水花

荨麻科

Pilea microphylla (L.) Liebm.

功效：清热解毒（全草）。

矮冷水花

Pilea peploides (Gaudich.) Hook. et Arn.

荨麻科

功效：清热解毒，祛瘀止痛（全草）。

雾水葛

Pouzolzia zeylanica (L.) Benn.

荨麻科

功效：清热解毒，消肿排脓，利水通淋（全草）。

寄生藤

檀香科

Dendrotrophe frutescens (Champ. ex Benth.) Danser

功效：疏风清热，活血止痛（全株）。

桑寄生

桑寄生科

Taxillus sutchuenensis (Lecomte) Danser

功效：补肝肾，强筋骨，祛风湿，安胎元（带叶茎枝）。

棱枝槲寄生

桑寄生科

Viscum diospyrosicolum Hayata

功效：祛风湿，强筋骨，止咳，消肿，降压（枝叶）。

红冬蛇菰

蛇菰科

Balanophora harlandii Hook. f.

功效：凉血止血，清热解毒（全草）。

蓼科 金线草

Antenoron filiforme (Thunb.) Rob. et Vaut.

功效：凉血止血，清热利湿，散瘀止痛（全草）。

蓼科 何首乌

Fallopia multiflora (Thunb.) Harald.

功效：解毒，消痈，润肠通便（块根）。

火炭母

Polygonum chinense L.

蓼科

功效：清热解毒，利湿消滞，凉血止痒，明目退翳（全草）。

蚕茧草

Polygonum japonicum Meisn.

蓼科

功效：散寒活血，止痢（全草）。

杠板归

Polygonum perfoliatum L.

蓼科

功效：清热解毒，利水消肿，止咳（地上部分）。

虎杖

Reynoutria japonica Houtt.

蓼科

功效：祛风利湿，散瘀定痛，止咳化痰（干燥根茎和根）。

垂序商陆

Phytolacca americana L.

商陆科

功效：逐水消肿，通利二便，解毒散结（根）。

光叶子花

Bougainvillea glabra Choisy

紫茉莉科

功效：活血调经，化湿止带（花）。

紫茉莉

Mirabilis jalapa L.

紫茉莉科

功效： 清热利湿，活血调经，解毒消肿（根及全草）。

马齿苋

Portulaca oleracea L.

马齿苋科

功效： 清热利湿，凉血解毒（全草）。

土人参

马齿苋科

Talinum paniculatum (Jacq.) Gaertn.

功效：补气润肺，止咳，调经（根）。

鹅肠菜

石竹科

Myosoton aquaticum (L.) Moench

功效：清热凉血，消肿止痛，消积通乳（全草）。

莲子草

Alternanthera sessilis (L.) DC.

苋科

功效： 清热凉血，利湿消肿，拔毒止痒（全草）。

青葙

Celosia argentea L.

苋科

功效： 燥湿清热，杀虫（茎叶或根）；清肝泻火，明目退翳（种子）。

南五味子
木兰科

Kadsura longipedunculata Finet et Gagnep.

功效：收敛固涩，益气生津，补肾宁心（果实）。

假鹰爪
番荔枝科

Desmos chinensis Lour.

功效：祛风利湿，健脾理气，祛瘀止痛（根及全株）。

瓜馥木

番荔枝科

Fissistigma oldhamii (Hemsl.) Merr.

功效：祛风活血，镇痛（根）。

阴香

樟科

Cinnamomum burmannii (Nees & T.Nees) Blume

功效：祛风散寒，温中止痛（树皮、根皮、叶、枝）。

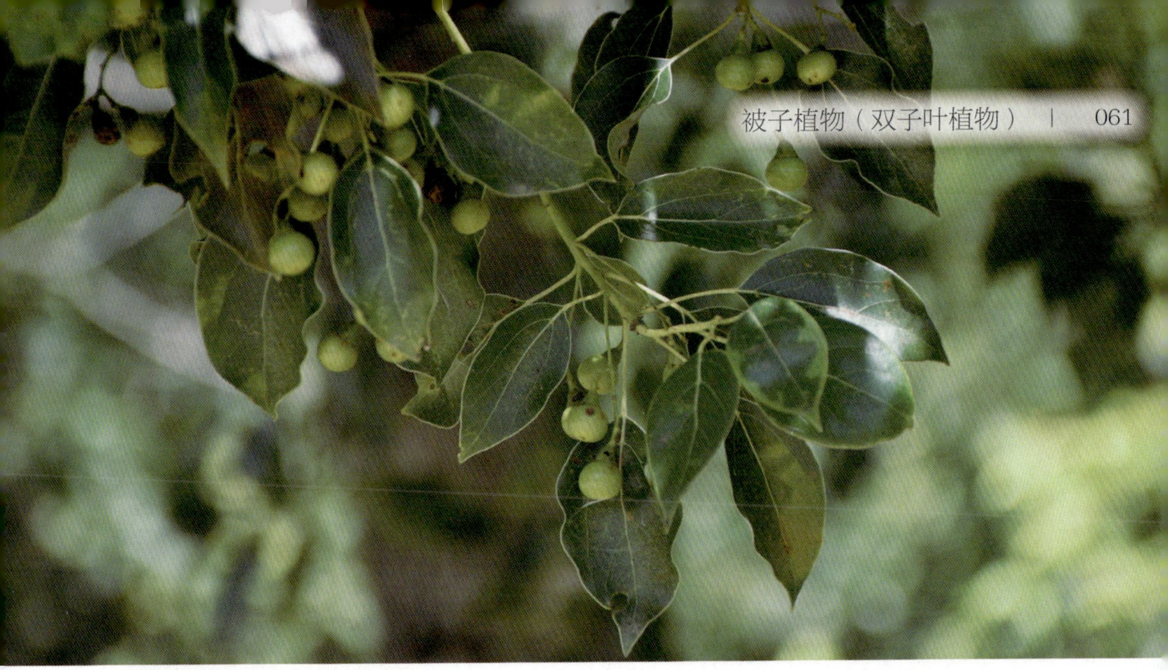

樟科

樟

Cinnamomum camphora (L.) Presl

功效： 祛风散寒，理气活血，止痛止痒（根、木材、树皮、叶及果实）。

樟科

乌药

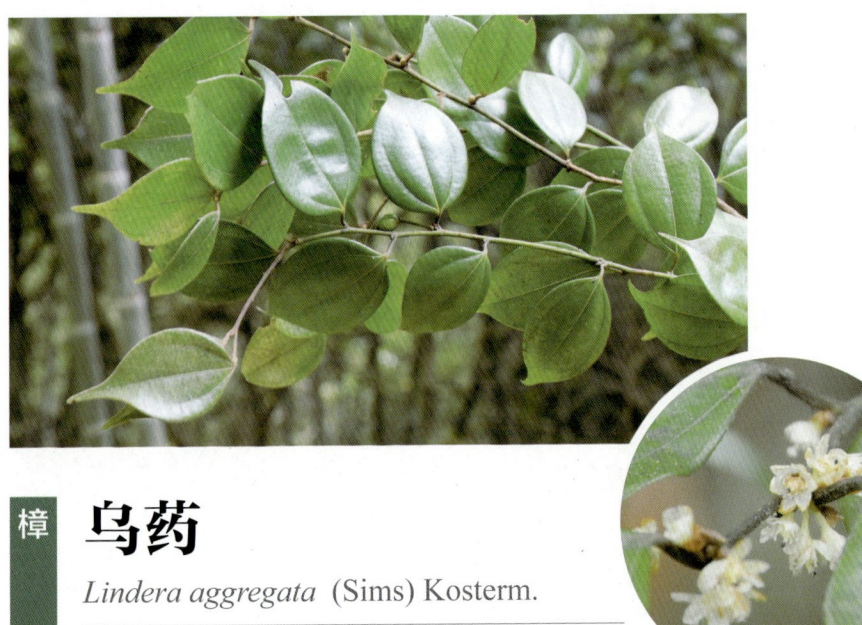

Lindera aggregata (Sims) Kosterm.

功效： 顺气止痛，温肾散寒（块根）。

香叶树
Lindera communis Hemsl.
樟科

功效：解毒消肿，散瘀止痛（枝叶或茎皮）。

黑壳楠
Lindera megaphylla Hemsl.
樟科

功效：祛风除湿，温中行气，消肿止痛（根）。

山鸡椒
樟科

Litsea cubeba (Lour.) Pers.

功效：温中散寒，行气止痛（干燥成熟果实）。

绒毛润楠
樟科

Machilus velutina Champ. ex Benth.

功效：化痰止咳，消肿止痛，止血（根和叶）。

樟科 鸭公树

Neolitsea chuii Merrill.

功效：行气止痛，利水消肿（种子）。

樟科 紫楠

Phoebe sheareri (Hemsl.) Gamble

功效：温中理气（叶），祛瘀消肿（根）。

威灵仙

Clematis chinensis Osbeck

毛茛科

功效：祛风湿，通经络（根和根茎）；利咽，解毒，活血消肿（叶）。

石龙芮

Ranunculus sceleratus L.

毛茛科

功效：消肿，拔毒散结，截疟（全草）。

禺毛茛

毛茛科

Ranunculus cantoniensis DC.

功效：清肝明目，除湿解毒（全草）。

沈氏十大功劳

小檗科

Mahonia shenii W. Y. Chun

功效：清热解毒，止咳化痰（根、茎）。

被子植物（双子叶植物） | 067

木防己
Cocculus orbiculatus (L.) DC.

防己科

功效：祛风止痛，利尿消肿，解毒，降血压（根）。

毛叶轮环藤
Cyclea barbata Miers

防己科

功效：清热解毒，散瘀止痛（根）。

粉叶轮环藤

Cyclea hypoglauca (Schauer) Diels

防己科

功效： 清热解毒，祛风止痛，利水通淋（根或藤茎）。

细圆藤

Pericampylus glaucus (Lam.) Merr.

防己科

功效： 清热解毒，息风止痉，祛风除湿（全株）。

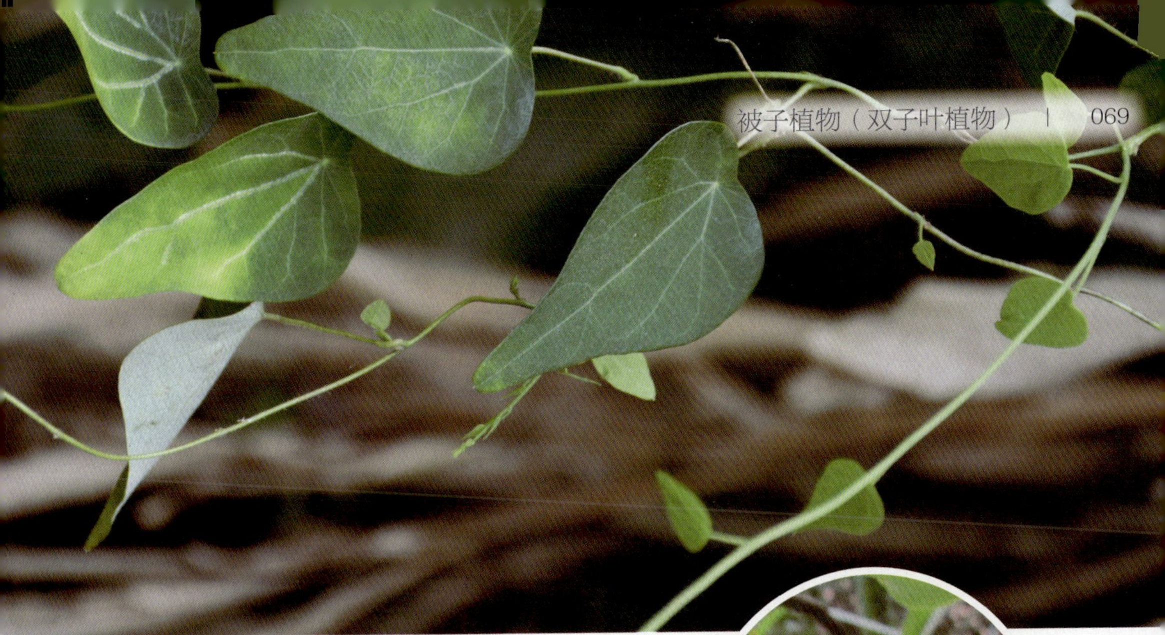

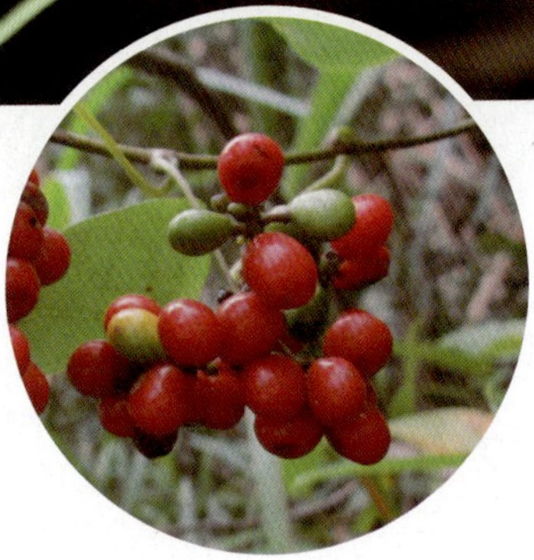

防己科

粪箕笃

Stephania longa Lour.

功效： 清热解毒，利尿消肿，祛风活络（根、根茎或全株）。

三白草科

蕺菜

Houttuynia cordata Thunb.

功效： 清热解毒，消痈排脓，利尿通淋（干燥地上部分）。

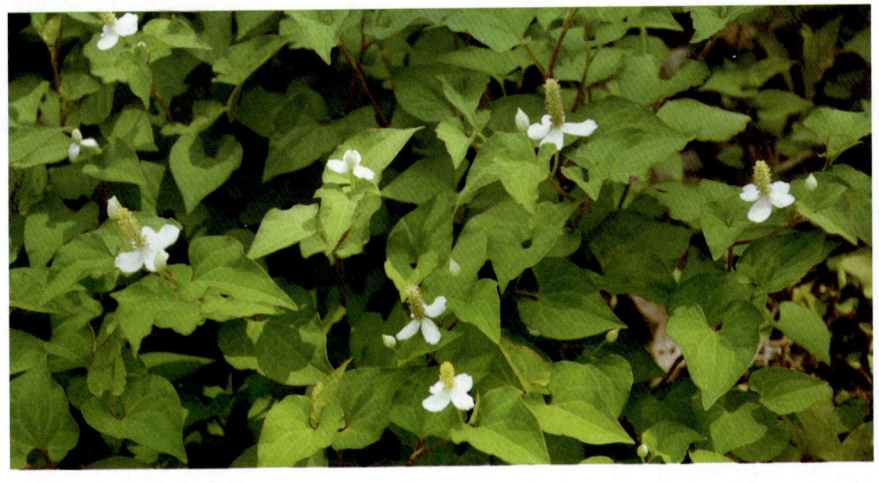

草胡椒

Peperomia pellucida (L.) Kunth

功效： 散瘀止痛，清热解毒（全草）。

山蒟

Piper hancei Maxim.

功效： 祛风除湿，活血消肿，行气止痛，化痰止咳（茎叶或根）。

宽叶金粟兰

金粟兰科

Chloranthus henryi Hemsl.

功效：祛风除湿，活血止痛，止咳，解毒（全草）。

草珊瑚

金粟兰科

Sarcandra glabra (Thunb.) Nakai

功效：清热凉血，活血消斑，祛风通络（全草）。

广西马兜铃

Aristolochia kwangsiensis Chun et How ex C. F. Liang

马兜铃科

功效：理气止痛，清热解毒，凉血止血（根）。

尾花细辛

Asarum caudigerum Hance

马兜铃科

功效：温经散寒，化痰止咳，消肿止痛（全草）。

水东哥

猕猴桃科

Saurauia tristyla DC.

功效：疏风清热，止咳，止痛（根或叶）。

二列叶柃

山茶科

Eurya distichophylla Hemsl.

功效：清热，解毒，消炎止痛（全株）。

薄叶红厚壳

藤黄科

Calophyllum membranaceum Gardn. et Champ.

功效： 祛风湿，强筋骨，活血止痛（根）。

岭南山竹子

藤黄科

Garcinia oblongifolia Champ. ex Benth.

功效： 清热，生津（果实）。

地耳草

藤黄科

Hypericum japonicum Thunb. ex Murray

功效：清热利湿，解毒，散瘀消肿（全草）。

元宝草

藤黄科

Hypericum sampsonii Hance

功效：清热解毒，通经活络，凉血止血（全草）。

匙叶茅膏菜

茅膏菜科

Drosera spatulata Labillardiere

功效： 清热解渴，凉血通淋（全草）。

荠

十字花科

Capsella bursa-pastoris (L.) Medic.

功效： 凉血止血，清热利湿（全草）。

碎米荠

Cardamine hirsuta L.

十字花科

功效： 清热利湿（全草）。

枫香树

Liquidambar formosana Hance

金缕梅科

功效： 祛风活络，利水通经（干燥成熟果序）。

常山

虎耳草科

Dichroa febrifuga Lour.

功效：截疟，劫痰（根）。

圆锥绣球

虎耳草科

Hydrangea paniculata Sieb.

功效：截疟退热，消积和中（根）。

虎耳草

虎耳草科

Saxifraga stolonifera Curt.

功效：疏风，清热，凉血解毒（全草）。

海金子

海桐花科

Pittosporum illicioides Mak.

功效：祛风活络，散瘀止痛（根）；解毒，止血（叶）；涩肠固精（种子）。

蔷薇科

龙芽草
Agrimonia pilosa Ldb.

功效：收敛止血，止痢，杀虫，治疮癣（叶）。

蔷薇科

桃
Amygdalus persica L.

功效：活血祛瘀，润肠通便，止咳平喘（成熟种子）。

被子植物（双子叶植物） | 081

蛇莓

Duchesnea indica (Andr.) Focke

蔷薇科

功效：清热解毒，散瘀消肿，凉血止血（全草）。

枇杷

Eriobotrya japonica (Thunb.) Lindl.

蔷薇科

功效：清肺止咳，降逆止呕（叶）；润肺下气，止渴（果实）。

大叶桂樱

Laurocerasus zippeliana (Miq.) Yü

蔷薇科

功效：止痢（叶）。

李

Prunus salicina Lindl.

蔷薇科

功效：清热解毒，利湿，止痛（根）；活血祛瘀，滑肠，利水（种仁）。

石斑木

Rhaphiolepis indica (L.) Lindley

蔷薇科

功效： 跌打损伤（根）；消炎去腐（叶）。

金樱子

Rosa laevigata Michx.

蔷薇科

功效： 固精缩尿，涩肠止泻（干燥成熟果实）。

锈毛莓

Rubus reflexus Ker

蔷薇科

功效：祛风湿，强筋骨（根）。

红腺悬钩子

Rubus sumatranus Miq.

蔷薇科

功效：清热解毒，开胃，利水（根）。

寒莓
Rubus buergeri Miq.

功效：清热解毒，活血止血（根、叶）。

高粱泡
Rubus lambertianus Ser.

功效：活血调经，消肿解毒（根、叶）。

茅莓

Rubus parvifolius L.

功效： 散瘀，止痛，解毒，杀虫（茎叶）。

蔷薇科

空心泡

Rubus rosaefolius Smith

功效： 清热，止咳，止血，祛风湿（根、嫩枝及叶）。

蔷薇科

猴耳环

豆科

Pithecellobium clypearia (Jack) Benth.

功效：清热解毒，祛湿敛疮（带叶茎枝）。

紫云英

豆科

Astragalus sinicus L.

功效：祛风明目，健脾益气，解毒止痛（根、全草、种子）。

豆科　龙须藤

Bauhinia championii (Benth.) Benth.

功效： 祛风除湿，活血止痛，健脾理气（藤）。

豆科　藤槐

Bowringia callicarpa Camp. ex Benth.

功效： 清热凉血（根、叶）。

含羞草决明
Cassia mimosoides L.

豆科

功效：清热解毒，利尿，通便（全草）。

南岭黄檀
Dalbergia balansae Prain

豆科

功效：行气止痛，解毒消肿（木材）。

豆科	**假地豆**

Desmodium heterocarpon (L.) DC.

功效：利水通淋，散瘀消肿（全株）。

豆科	**华南皂荚**

Gleditsia fera (Lour.) Merr.

功效：祛痰止咳，开窍通闭，杀虫散结（果实）。

豆科 鸡眼草

Kummerowia striata (Thunb.) Schindl.

功效：清热解毒，健脾利湿，活血止血（全草）。

豆科 厚果崖豆藤

Millettia pachycarpa Benth.

功效：祛风杀虫，活血消肿（叶）。

豆科 香花崖豆藤
Millettia dielsiana Harms

功效：活血，舒筋（藤茎）。

豆科 含羞草
Mimosa pudica L.

功效：清热利尿，化痰止咳，安神止痛（全草）。

亮叶猴耳环

豆科

Archidendron lucidum (Benth) I. C. Nielsen

功效：祛风消肿，凉血解毒，收敛生肌（枝叶）。

葛

豆科

Pueraria lobata (Willd.) Ohwi

功效：解肌退热，生津止渴，透疹，升阳止泻，通经活络，解酒毒（干燥根）。

鹿藿

Rhynchosia volubilis Lour.

功效： 消积散结，消肿止痛，舒筋活络（全草及根）。

密花豆

Spatholobus suberectus Dunn

功效： 补血，活血，通络（藤茎）。

被子植物（双子叶植物）　095

葫芦茶

豆科

Tadehagi triquetrum (L.) Ohashi

功效：清热解毒，消积利湿，杀虫防腐（全株）。

酢浆草

酢浆草科

Oxalis corniculata L.

功效：清热利湿，解毒消肿（全草）。

红花酢浆草

Oxalis corymbosa DC.

酢浆草科

功效： 清热解毒，散瘀消肿，调经（全草）。

红背山麻杆

Alchornea trewioides (Benth.) Muell. Arg.

大戟科

功效： 清热利湿，凉血解毒，杀虫止痒（根、叶）。

通奶草
Euphorbia hypericifolia L.

> 功效：通乳（全草）。

飞扬草
Euphorbia hirta L.

> 功效：清热解毒，利湿止痒，通乳（全草）。

千根草
Euphorbia thymifolia L.

大戟科

功效：清热，利湿，消肿，解毒（全草）。

白饭树
Flueggea virosa (Roxb. ex Willd.) Voigt

大戟科

功效：清热解毒，消肿止痛，止痒止血（全株）。

毛果算盘子

Glochidion eriocarpum Champ. ex Benth.

功效：清热利湿，解毒止痒（根和叶）。

大戟科

白背叶

Mallotus apelta (Lour.) Muell. Arg.

功效：清热，解毒，祛湿，止血（叶）。

大戟科

叶下珠

Phyllanthus urinaria L.

功效：清热利尿，明目，消积（全草）。

蓖麻

Ricinus communis L.

功效：消肿拔毒，止痒（叶）；祛风活血，止痛镇静（根）；消肿拔毒，泻下通滞（种子）。

乌桕

大戟科

Sapium sebifera (L.) Roxb.

功效：杀虫，解毒，利尿，通便（根皮、树皮和叶）。

山乌桕

大戟科

Triadica cochinchinensis Loureiro

功效：泻下逐水，散瘀消肿（根皮、树皮和叶）。

虎皮楠科

牛耳枫

Daphniphyllum calycinum Benth.

功效：清热解毒，活血舒筋（根、叶）。

芸香科

柚

Citrus maxima (Burm.) Merr.

功效：宽中理气，消食，化痰，止咳平喘（果皮）。

黄皮

Clausena lansium (Lour.) Skeels

芸香科

功效：解表散热，顺气化痰（叶）；行气止痛，健胃消肿（根、核）；化痰消食（果）。

三桠苦

Melicope pteleifolia (Champion ex Bentham) T. G. Hartley

芸香科

功效：清热解毒，散瘀止痛（根及叶）。

九里香
Murraya exotica L.

芸香科

功效：行气止痛，活血散瘀（干燥叶和带叶嫩枝）。

飞龙掌血
Toddalia asiatica (L.) Lam.

芸香科

功效：散瘀止血，祛风除湿，消肿解毒（根或叶）。

竹叶花椒

Zanthoxylum armatum DC.

功效：温中理气，祛风除湿，活血止痛（根、树皮、叶、果实）。

两面针

Zanthoxylum nitidum (Roxb.) DC.

功效：行气止痛，活血化瘀，祛风通络（根）。

橄榄科

橄榄

Canarium album (Lour.) Rauesch.

功效：清肺利咽，生津止渴，解毒（果实）。

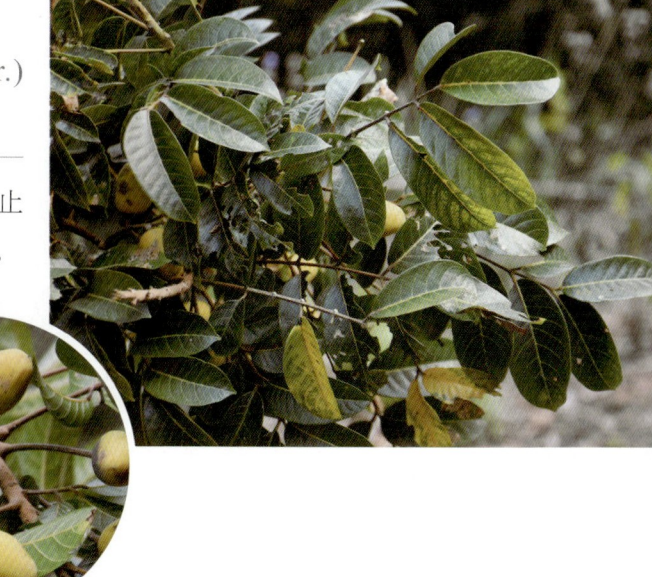

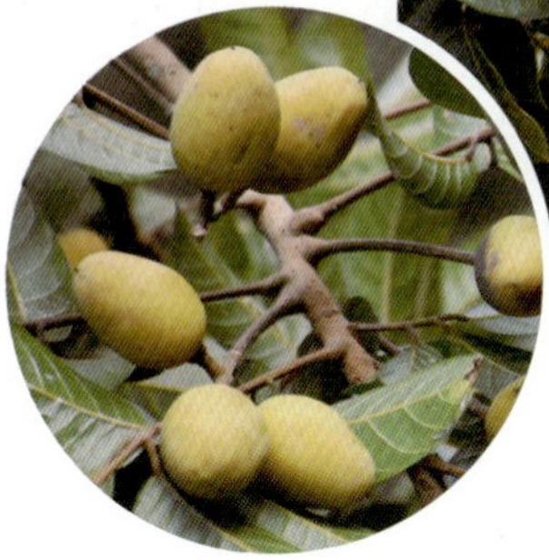

楝科

麻楝

Chukrasia tabularis A. Juss.

功效：疏风清热（根皮）。

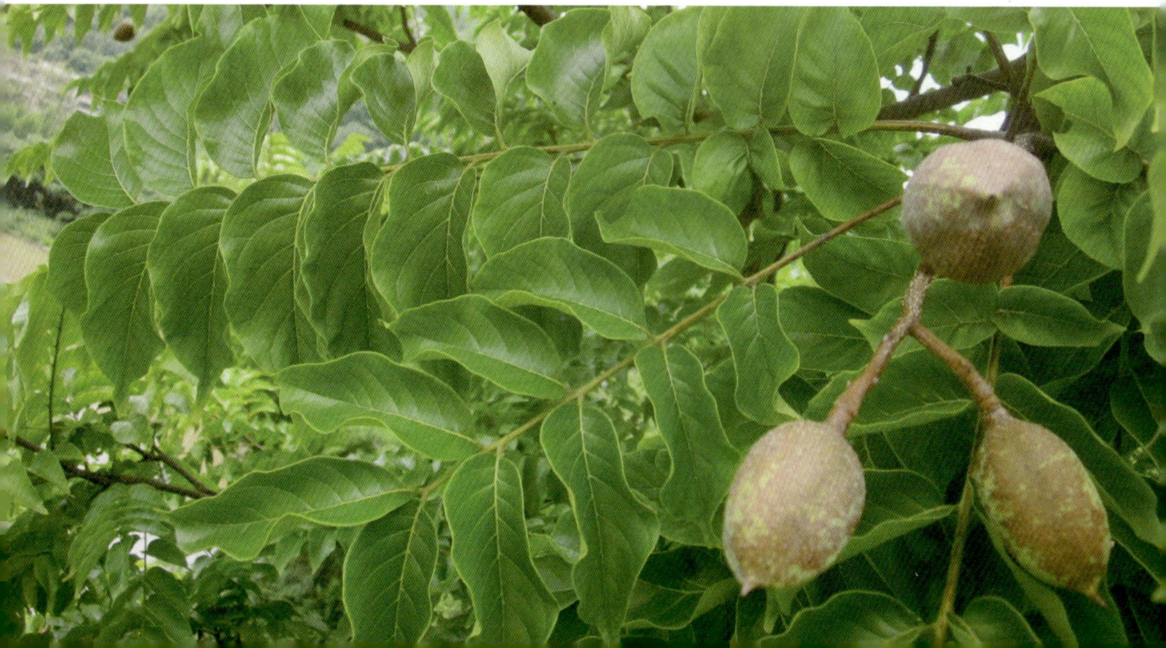

楝

Melia azedarach L.

楝科

功效：杀虫，疗癣（树皮和根皮）；清热燥湿，杀虫止痒，行气止痛（叶）；疏肝行气，止痛，驱虫（果实）。

黄花倒水莲

Polygala fallax Hemsl.

远志科

功效：补虚健脾，散瘀通络（根、茎、叶）。

远志科 | 大叶金牛
Polygala latouchei Franch.

功效： 化痰止咳，活血调经（全草）。

漆树科 | 南酸枣
Choerospondias axillaris (Roxb.) B. L. Burtt & A. W. Hill

功效： 行气活血，养心安神，消积，解毒（果实或果核）。

盐肤木

Rhus chinensis Mill.

漆树科

功效：清热解毒，散瘀止血（根和叶）。

凤仙花

Impatiens balsamina L.

凤仙花科

功效：祛风除湿，活血止痛，解毒杀虫（花）；破血，软坚，清积（种子）。

冬青科 秤星树

Ilex asprella (Hook. et Arn.) Champ. ex Benth.

功效： 清热解毒，生津止渴（根和叶）。

冬青科 大叶冬青

Ilex latifolia Thunb.

功效： 疏风清热，明目生津（叶）。

毛冬青

Ilex pubescens Hook. et Arn.

冬青科

功效：清热凉血，活血通络（根）。

铁冬青

Ilex rotunda Thunb.

冬青科

功效：清热解毒，消肿止痛（树皮）。

青江藤
卫矛科

Celastrus hindsii Benth.

功效： 通经，利尿（根）。

野鸦椿
省沽油科

Euscaphis japonica (Thunb.) Dippel

功效： 解表，清热，利湿（根）；祛风散寒，行气止痛（果）。

锐尖山香圆

省沽油科

Turpinia arguta (Lindl.) Seem.

功效：补肝肾，强筋骨，祛风湿，安胎元（带叶茎枝）。

定心藤

茶茱萸科

Mappianthus iodoides Hand.-Mazz.

功效：祛风除湿，调经活血，止痛（根或藤茎）。

多花勾儿茶
鼠李科
Berchemia floribunda (Wall.) Brongn.

功效： 祛风利湿，活血止痛（根、茎和叶）。

枳椇
鼠李科
Hovenia acerba Lindl.

功效： 清热利尿，止咳除烦，解酒毒（种子）；活血，舒筋解毒（树皮）；健胃，补血（果梗）。

显齿蛇葡萄

Ampelopsis grossedentata (Hand.-Mazz.) W. T. Wang

葡萄科

功效：清热解毒，利湿消肿（茎叶或根）。

乌蔹莓

Cayratia japonica (Thunb.) Gagnep.

葡萄科

功效：清热利湿，解毒消肿（全草或根）。

异叶爬山虎

葡萄科

Parthenocissus heterophylla Merr.

功效：祛风活络，活血止痛（根茎）。

扁担藤

葡萄科

Tetrastigma planicaule (Hook.) Gagnep.

功效：祛风除湿，舒筋活络（全株）。

三叶崖爬藤
葡萄科

Tetrastigma hemsleyanum Diels et Gilg

功效：生肌敛疮（茎叶）。

黄葵
锦葵科

Abelmoschus moschatus Medicus

功效：清热利湿，拔毒排脓（根、叶和花）。

锦葵科 木芙蓉
Hibiscus mutabilis L.

功效： 清热，凉血，消肿，解毒（花）。

锦葵科 朱槿
Hibiscus rosa-sinensis L.

功效： 调经，利湿，解毒（花）。

锦葵科 赛葵
Malvastrum coromandelianum (L.) Gurcke

功效： 清热利湿，解毒散瘀（全草）。

锦葵科 拔毒散
Sida szechuensis Matsuda

功效： 调经通乳，解毒消肿（全草）。

地桃花

锦葵科

Urena lobata L.

功效：祛风利湿，活血消肿，清热解毒（根或全草）。

刺蒴麻

椴树科

Triumfetta rhomboidea Jacq.

功效：解表清热，利尿散结（全草）。

梧桐科 翻白叶树

Pterospermum heterophyllum Hance

功效：祛风除湿，舒筋活血（根或茎枝）。

瑞香科 了哥王

Wikstroemia indica (L.) C. A. Mey.

功效：清热解毒，化痰散结，通经利水（根或叶）。

细轴荛花
瑞香科

Wikstroemia nutans Champ. ex Benth.

功效：消坚破瘀，止血，镇痛（花、根或茎皮）。

如意草
堇菜科

Viola hamiltoniana D. Don

功效：清热解毒；散瘀止血（全草）。

被子植物（双子叶植物） | 123

堇菜科 七星莲
Viola diffusa Ging.

功效：祛风，清热，利尿，解毒（全草）。

堇菜科 长萼堇菜
Viola inconspicua Blume

功效：清热解毒，凉血消肿，利湿化瘀（全草）。

番木瓜

番木瓜科

Carica papaya L.

功效：健胃消食，滋补催乳，舒筋通络（果）。

裂叶秋海棠

秋海棠科

Begonia palmata D. Don

功效：清热解毒，化瘀消肿（全草）。

绞股蓝

Gynostemma pentaphyllum (Thunb.) Makino

葫芦科

功效：清热解毒，止咳祛痰（全草）。

马㼎儿

Zehneria indica (Lour.) Keraudren

葫芦科

功效：消肿拔毒，除痰散结，清肝利水（全草）。

紫薇

千屈菜科

Lagerstroemia indica L.

功效：清热解毒，利湿止血（花）。

岗松

桃金娘科

Baeckea frutescens L.

功效：化瘀止痛，清热解毒，利尿通淋，杀虫止痒（枝叶）。

番石榴
Psidium guajava L.

桃金娘科

功效：收敛止泻，消炎止血（叶或果）。

桃金娘
Rhodomyrtus tomentosa (Ait.) Hassk.

桃金娘科

功效：祛风活络，收敛止泻（根）；收敛止泻，止血（叶）；补血，滋养，安胎（果）。

桃金娘科 赤楠
Syzygium buxifolium Hook. et Arn.

功效：健脾利湿，平喘，散瘀消肿（根或根皮）。

野牡丹科 少花柏拉木
Blastus pauciflorus (Benth.) Guillaum.

功效：拔毒生肌，杀虫（茎叶）。

柏拉木
Blastus cochinchinensis Lour.

野牡丹科

功效：收敛止血，消肿解毒（根）。

鸭脚茶
Bredia sinensis (Diels) H. L. Li

野牡丹科

功效：发表（全株或叶）。

野牡丹科

异药花
Fordiophyton faberi Stapf

功效：祛风除湿，清肺解毒（叶）。

野牡丹科

地菍
Melastoma dodecandrum Lour.

功效：清热解毒，活血止血（全草）。

楮头红
Sarcopyramis napalensis Wallich

功效： 清热平肝，利湿解毒（全草）。

长籽柳叶菜
Epilobium pyrricholophum Franch. et Savat.

功效： 除湿，驱虫，止血（全草）。

草龙 〔柳叶菜科〕

Ludwigia hyssopifolia (G. Don) Exell.

功效： 发表清热，解毒利尿，凉血止血（全草）。

毛草龙 〔柳叶菜科〕

Ludwigia octovalvis (Jacq.) Raven

功效： 清热利湿，解毒消肿（全草）。

八角枫
八角枫科

Alangium chinense (Lour.) Harms

功效：祛风除湿，舒筋活络，散瘀止痛（根及叶、花）。

倒心叶珊瑚
山茱萸科

Aucuba obcordata (Rehder) Fu

功效：活血调经，解毒消肿（叶）。

变叶树参

五加科

Dendropanax proteus (Champ.) Benth.

功效：祛风除湿，活血消肿（根、茎或树皮）。

白簕

五加科

Eleutherococcus trifoliatus (L.) S. Y. Hu

功效：祛风除湿，壮筋骨，逐瘀活血（根皮）。

常春藤

Hedera nepalensis K.Koch var. *sinensis* (Tobl.) Rehd.

五加科

功效：清热解毒，消肿止痛（藤茎）。

鹅掌柴

Schefflera octophylla (Lour.) Harms

五加科

功效：清热解毒，止痒，消肿散瘀（根皮、根、叶）。

鹅掌藤

五加科

Schefflera arboricola Hay.

功效：祛风除湿，活血止痛（根或茎叶）。

积雪草

伞形科

Centella asiatica (L.) Urban

功效：清热利湿，活血止血，解毒消肿（全草）。

天胡荽

Hydrocotyle sibthorpioides Lam.

功效： 清热利尿，消肿解毒（全草）。

红马蹄草

Hydrocotyle nepalensis Hook.

功效： 清肺止咳，活血止血（全草）。

九管血

Ardisia brevicaulis Diels

紫金牛科

功效：清热解毒，祛风止痛，活血消肿（全株或根）。

朱砂根

Ardisia crenata Sims

紫金牛科

功效：清热解毒，散瘀止痛（根）。

山血丹

Ardisia lindleyana D. Dietrich

紫金牛科

功效： 祛风湿，活血调经，消肿止痛（根或全株）。

虎舌红

Ardisia mamillata Hance

紫金牛科

功效： 散瘀止血，清热利湿（全株及根）。

莲座紫金牛

Ardisia primulifolia Gardner & Champion

紫金牛科

功效：祛风通络，散瘀止血，解毒消痈（全株）。

百两金

Ardisia crispa (Thunb.) A. DC.

紫金牛科

功效：清热利咽，散瘀消肿（根、叶）。

大罗伞树

Ardisia hanceana Mez

紫金牛科

功效： 活血止痛（根）。

罗伞树

Ardisia quinquegona Blume

紫金牛科

功效： 清热解毒，散瘀止痛（茎叶、根）。

杜茎山

Maesa japonica (Thunb.) Moritzi. ex Zoll.

紫金牛科

功效：祛风利尿，止血，消肿（根、叶）。

鲫鱼胆

Maesa perlarius (Lour.) Merr.

紫金牛科

功效：接骨消肿，生肌祛腐（全株）。

广西过路黄 ‹报春花科›

Lysimachia alfredii Hance

功效：清热利湿，排石通淋（全草）。

红根草 ‹报春花科›

Salvia prionitis Hance

功效：疏风清热，利湿，止血安胎（全草或根）。

白花丹

白花丹科

Plumbago zeylanica L.

功效：祛风除湿，行气活血，解毒消肿（全草或根）。

柿

柿科

Diospyros kaki Thunb.

功效：润肺生津，降压止血（果）；清热凉血（根）；降压（叶）。

华山矾

Symplocos chinensis (Lour.) Druce

山矾科

功效： 清热利湿，解毒，止血生肌（叶）。

小蜡

Ligustrum sinense Lour.

木犀科

功效： 清热利湿，解毒消肿（树皮及枝叶）。

木犀

木犀科

Osmanthus fragrans (Thunb.) Lour.

功效：化痰，散瘀（花）。

白背枫

马钱科

Buddleja asiatica Lour.

功效：祛风利湿，行气活血（全株）。

马钱科

钩吻

Gelsemium elegans (Gardn. et Champ.) Benth.

功效： 祛风，解毒，消肿，止痛（全草）。

龙胆科

五岭龙胆

Gentiana davidii Franch.

功效： 清热解毒，利尿明目（全草）。

链珠藤
Alyxia sinensis Champ. ex Benth.

夹竹桃科

功效： 祛风活血，通经活络（全株）。

长春花
Catharanthus roseus (L.) G. Don

夹竹桃科

功效： 活血调经，解毒消肿（花）。

夹竹桃科

酸叶胶藤

Urceola rosea (Hooker & Arnott) D. J. Middleton

功效： 利尿消肿，止痛（全株）。

夹竹桃科

夹竹桃

Nerium indicum Mill.

功效： 强心利尿，祛痰杀虫（叶）。

羊角拗

Strophanthus divaricatus (Lour.) Hook. et Arn.

功效： 强心消肿，止痛，止痒，杀虫（根、茎）。

络石

Trachelospermum jasminoides (Lindl.) Lem.

功效： 祛风通络，凉血消肿（带叶藤茎）。

萝藦科

刺瓜
Cynanchum corymbosum Wight

功效：益气，催乳，解毒（全草）。

茜草科

水团花
Adina pilulifera (Lam.) Franch. ex Drake

功效：清热利湿，消瘀定痛，止血生肌（枝叶或花果）。

流苏子
Coptosapelta diffusa (Champ. ex Benth.) Van Steenis

功效：祛风除湿，止痒（根）。

拉拉藤（变种）
Galium aparine L. var. *echinospermum* (Wallr.) Cuf.

功效：清热解毒，利尿消肿（全草）。

被子植物（双子叶植物） | 153

| 茜草科 | **栀子**
Gardenia jasminoides Ellis |

功效：泻火除烦，清热利湿，凉血解毒（果实）。

| 茜草科 | **剑叶耳草**
Hedyotis caudatifolia Merr. et Metcalf |

功效：止咳化痰，健脾消积（全草）。

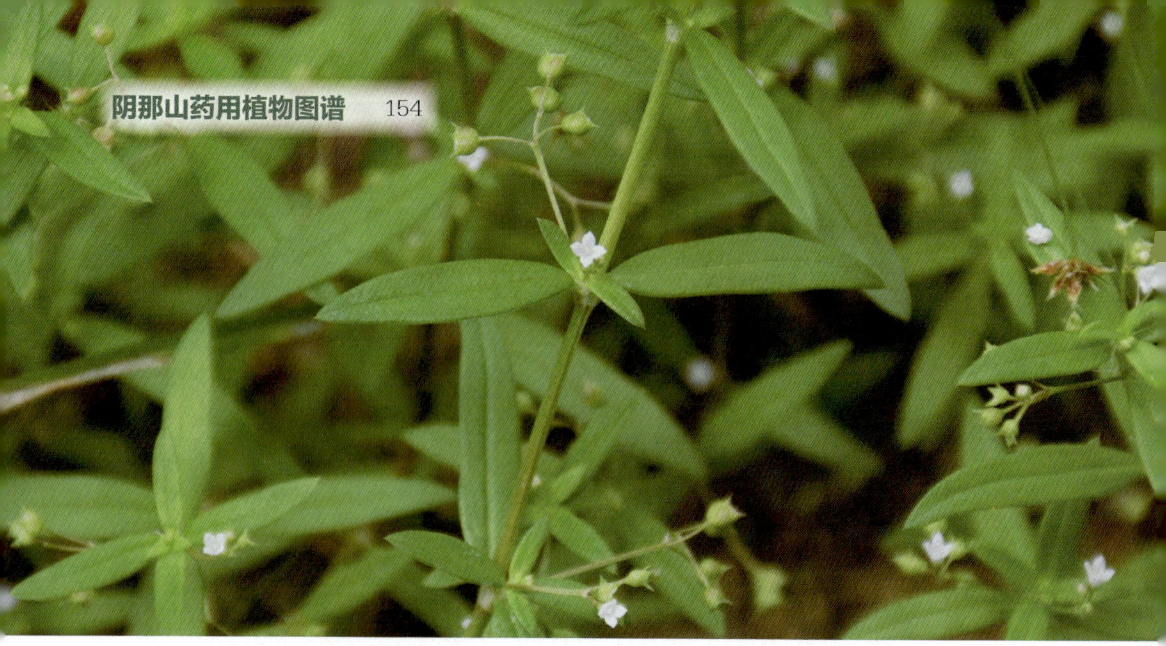

茜草科

伞房花耳草

Hedyotis corymbosa (L.) Lam.

功效： 清热解毒（全草）。

茜草科

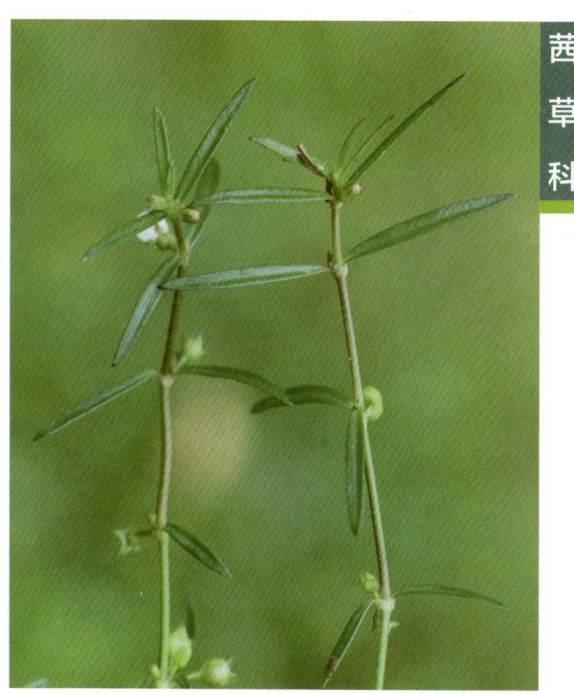

白花蛇舌草

Hedyotis diffusa Willd.

功效： 清热解毒，利尿消肿，活血止痛（全草）。

牛白藤

Hedyotis hedyotidea (DC.) Merr.

功效： 清热解暑，祛风湿，续筋骨（茎叶）。

粗毛耳草

Hedyotis mellii Tutch.

功效： 祛风，清热，消食，止血，解毒（全草及根）。

玉叶金花

Mussaenda pubescens Ait. f.

茜草科

功效：清热解暑，凉血解毒（藤、根）。

鸡矢藤

Paederia scandens (Lour.) Merr.

茜草科

功效：祛风利湿，止痛解毒，消食化积，活血消肿（全草）。

被子植物（双子叶植物） | 157

| 茜草科 | **九节**
Psychotria rubra (Lour.) Poir.

功效： 清热解毒，消肿拔毒（根、叶）。

| 茜草科 | **金剑草**
Rubia alata Roxb.

功效： 清热解毒，消积利湿，杀虫防腐（全草）。

钩藤

茜草科

Uncaria rhynchophylla (Miq.) Miq. ex Havil.

功效：清热平肝，息风定惊（带钩枝条）。

五爪金龙

旋花科

Ipomoea cairica (L.) Sweet

功效：止咳除蒸（花）。

被子植物（双子叶植物） | 159

杜虹花

马鞭草科

Callicarpa formosana Rolfe

功效：活血，止血，除热，解毒（叶）。

老鸦糊

马鞭草科

Callicarpa giraldii Hesse ex Rehd.

功效：祛风，除湿，散瘀，解毒（根、茎、叶、果实）。

枇杷叶紫珠

马鞭草科

Callicarpa kochiana Makino

功效：祛风除湿，活血止血（根或茎、叶）。

臭茉莉

马鞭草科

Clerodendrum chinense var. *simplex* (Moldenke) S. L. Chen

功效：祛风湿，强盘骨，活血消肿（根、叶）。

被子植物（双子叶植物） | 161

白花灯笼
马鞭草科
Clerodendrum fortunatum L.

功效：清热解毒，止咳镇痛（根或全株）。

马缨丹
马鞭草科
Lantana camara L.

功效：清热解毒，祛风止痒（叶）；清热，止血（花）。

黄荆

Vitex negundo L.

马鞭草科

功效：清热止咳，化痰截疟（根、茎）；止咳平喘，理气止痛（果实）。

金疮小草

Ajuga decumbens Thunb.

唇形科

功效：清热解毒，凉血平肝（全草）。

广防风

唇形科

Anisomeles indica (L.) Kuntze

功效：祛风解表，理气止痛（全草）。

肾茶

唇形科

Clerodendranthus spicatus (Thunb.) C. Y. Wu ex H. W. Li

功效：清热利湿，通淋排石（全草）。

细风轮菜

Clinopodium gracile (Benth.) Matsum.

唇形科

功效：清热解毒，消肿止痛（全草）。

白花益母草

Leonurus artemisia var. *albiflorus* (Migo) S.Y.Hu

唇形科

功效：破瘀，调经，利尿（全草）。

薄荷

唇形科

Mentha haplocalyx (Briq.)

功效：疏散风热，清利头目，理气解郁（全草）。

罗勒

唇形科

Ocimum basilicum L.

功效：祛风通络，凉血消肿（全草）。

紫苏

唇形科

Perilla frutescens (L.) Britt.

功效：解表散寒，行气和胃（全草）。

半枝莲

唇形科

Scutellaria barbata D. Don

功效：清热解毒，化瘀利尿（全草）。

韩信草
Scutellaria indica L.

唇形科

功效：清热解毒，活血止痛，止血消肿（全草）。

地蚕
Stachys geobombycis C. Y. Wu

唇形科

功效：益肾润肺，滋阴补血，清热除烦（块茎）。

血见愁

Teucrium viscidum Bl.

唇形科

功效：凉血止血，解毒消肿（全草）。

夜香树

Cestrum nocturnum L.

茄科

功效：行气止痛（花）。

红丝线

Lycianthes biflora (Loureiro) Bitter

茄科

功效： 祛痰止咳，清热解毒（全草）。

枸杞

Lycium chinense Miller

茄科

功效： 凉血除蒸，清肺降火（地骨皮）；滋补肝肾，益精明目（果实）。

茄科 白英

Solanum lyratum Thunb.

功效： 清热解毒，利湿消肿，抗癌（全草或根）。

茄科 珊瑚樱

Solanum pseudocapsicum L.

功效： 活血止痛（根）。

被子植物（双子叶植物） | 171

茄科 少花龙葵
Solanum americanum Miller

功效：清热解毒，利水消肿（全草）。

茄科 喀西茄
Solanum Khasianum C. B. Clarke

功效：祛风止痛，清热解毒（果实）。

毛麝香

Adenosma glutinosum (L.) Druce

玄参科

功效：祛风湿，消肿毒，行气散瘀止痛（全草）。

旱田草

Lindernia ruellioides (Colsm.) Pennell

玄参科

功效：理气活血，解毒消肿（全草）。

野甘草

Scoparia dulcis L.

玄参科

功效： 清热解毒，利尿消肿（全株）。

爬岩红

Veronicastrum axillare (Sieb. et Zucc.) Yamazaki

玄参科

功效： 行水，散瘀，消肿，解毒（茎叶或根）。

炮仗花

紫葳科

Pyrostegia venusta (Ker-Gawl.) Miers

功效： 润肺止咳（花）；清热，利咽喉（茎、叶）。

钟花草

爵床科

Codonacanthus pauciflorus (Nees) Nees

功效： 清心火，活血通络（全草）。

狗肝菜

爵床科

Dicliptera chinensis (L.) Juss.

功效：清热，凉血，利湿，解毒（全草）。

观音草

爵床科

Peristrophe bivalvis (L.) Merrill

功效：清热解毒，凉血息风，散瘀消肿（全草）。

板蓝

爵床科

Baphicacanthus cusia (Nees) Bremek.

功效：清热解毒，凉血消肿（根及根茎）。

中国野菰

列当科

Aeginetia sinensis G. Beck

功效：祛风除湿（全草）。

被子植物（双子叶植物） | 177

车前科

车前
Plantago asiatica L.

功效：利水，清热，明目，祛痰（全株）。

忍冬科

菰腺忍冬
Lonicera hypoglauca Miq.

功效：清热解毒，疏散风热（花）。

忍冬

Lonicera japonica Thunb.

功效：清热解毒，凉散风热（干燥花蕾或带初开的花）。

珊瑚树

Viburnum odoratissimum Ker.-Gawl.

功效：清热祛湿，通经活络，拔毒生肌（叶、树皮、根）。

攀倒甑

Patrinia villosa (Thunb.) Juss.

功效： 清热解毒，消痈排脓，活血行瘀（全草）。

败酱科

金钱豹

Campanumoea javanica Bl.

功效： 健脾益气，补肺止咳，下乳（根）。

桔梗科

桔梗科

长叶轮钟草
Campanumoea lancifolia (Roxb.) Merr.

功效： 益气，祛瘀，止痛（根）。

桔梗科

线萼山梗菜
Lobelia melliana E. Wimm.

功效： 宣肺化痰，清热解毒，利尿消肿（全草）。

半边莲

Lobelia chinensis Lour.

桔梗科

功效：利尿消肿，清热解毒（全草）。

卵叶半边莲

Lobelia zeylanica L.

桔梗科

功效：清热解毒，散结（全草）。

| 桔梗科 | **铜锤玉带草**
Pratia nummularia (Lam.) A. Br. et Aschers.

功效： 祛风利湿，活血散瘀（全草）。

| 菊科 | **藿香蓟**
Ageratum conyzoides L.

功效： 祛风清热，止痛，止血，排石（全草）。

杏香兔儿风
Ainsliaea fragrans Champ.

功效：清热解毒，消积散结，止咳，止血（全草）。

灯台兔儿风
Ainsliaea kawakamii Hayata

功效：清热解毒（全草）。

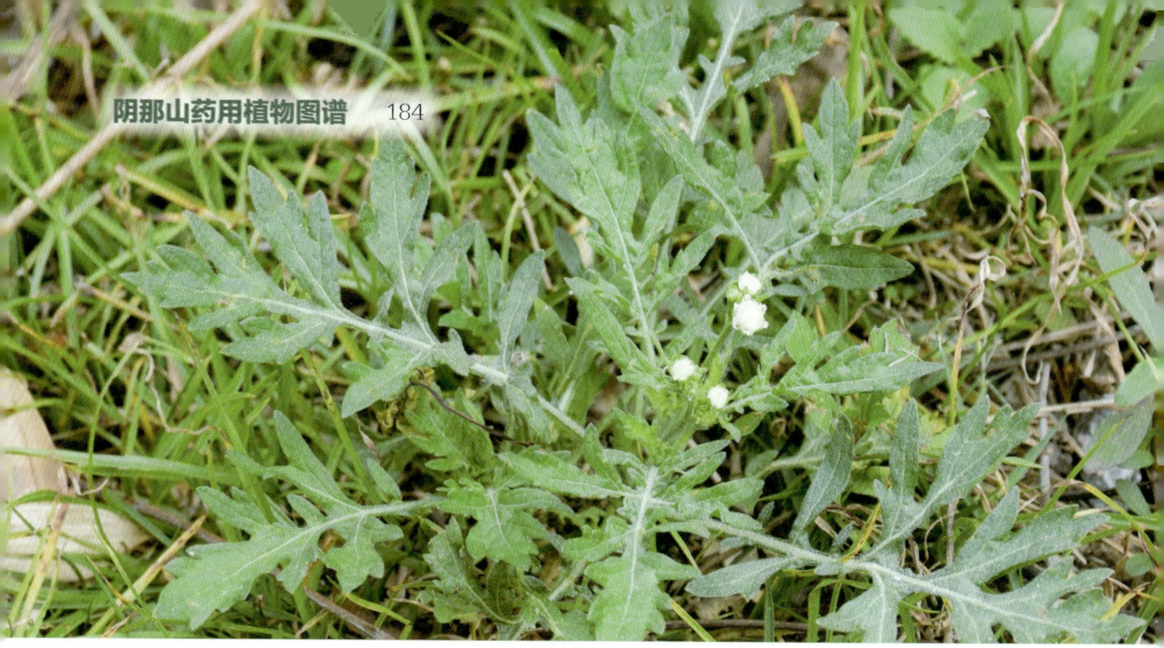

菊科

五月艾

Artemisia indica Willd.

功效： 散寒止痛，温经止血（全草）。

菊科

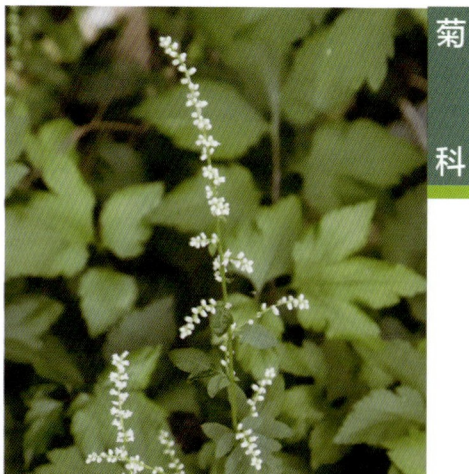

白苞蒿

Artemisia lactiflora Wall. ex DC.

功效： 活血散瘀，理气化湿（全草）。

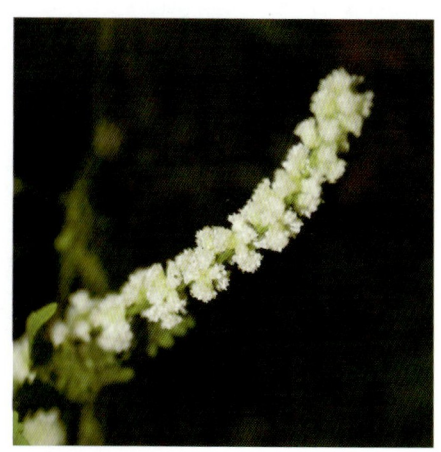

鬼针草
Bidens pilosa L.

菊科

功效：清热，解毒，散瘀，消肿（全草）。

馥芳艾纳香
Blumea aromatica DC.

菊科

功效：祛风，除湿，止痒，止血（全草）。

东风草

菊科

Blumea megacephala (Randeria) Chang et Tseng

功效： 祛风除湿，活血调经（全草）。

野菊

菊科

Chrysanthemum indicum L.

功效： 清热解毒（全草）。

鱼眼草

Dichrocephala integrifolia (L. f.) Kuntze

功效：活血调经，解毒消肿（全草）。

鳢肠

Eclipta prostrata (L.) L.

功效：滋补肝肾，凉血止血（全草）。

白花地胆草
菊科

Elephantopus tomentosus L.

功效：清热凉血，解毒利湿（全草）。

一点红
菊科

Emilia sonchifolia (L.) DC.

功效：清热解毒，散瘀消肿（全草）。

菊科 **小蓬草**

Conyza canadensis (L.) Cronq.

功效：清热利湿，散瘀消肿（全草）。

菊科 **牛膝菊**

Galinsoga parviflora Cav.

功效：止血，消炎（全草）。

菊科

鼠麴草

Gnaphalium affine D. Don.

功效：化痰止咳，祛风除湿，解毒（全草）。

菊科

红凤菜

Gynura bicolor (Willd.) DC.

功效：凉血止血，清热消肿（全草）。

被子植物（双子叶植物） | 191

菊科 羊耳菊

Duhaldea cappa (Buchanan-Hamilton ex D. Don) Pruski & Anderberg

功效：散寒解表，祛风消肿，行气止痛（全草）。

菊科 千里光

Senecio scandens Buch.-Ham. ex D. Don

功效：清热解毒，明目，利湿（全草）。

菊科 豨莶

Sigesbeckia orientalis L.

功效：祛风湿，利关节，解毒（全草）。

菊科 一枝黄花

Solidago decurrens Lour.

功效：疏风清热，解毒消肿（全草）。

金钮扣 菊科

Acmella paniculata (Wallich ex Candolle) R. K. Jansen

功效：解毒利湿，止咳定喘，消肿止痛（全草）。

金腰箭 菊科

Synedrella nodiflora (L.) Gaertn.

功效：清热透疹，解毒消肿（全草）。

夜香牛

Vernonia cinerea (L.) Less.

功效：疏风散热，凉血解毒，安神（全草）。

菊科

苍耳

Xanthium strumarium L.

功效：散风寒，通鼻窍，祛风湿（果实）。

菊科

被子植物（双子叶植物） | 195

黄鹌菜

Youngia japonica (L.) DC.

菊科

功效： 清热解毒，利尿消肿（根或全草）。

被子植物（单子叶植物）

阴那山药用植物图谱

百 合 科 **薤白**
Allium macrostemon Bunge

功效：通阳散结，行气导滞（鳞茎）。

百 合 科 **天门冬**
Asparagus cochinchinensis (Lour.) Merr.

功效：滋阴润燥，清肺降火（块根）。

山菅

Dianella ensifolia (L.) DC.

功效：拔毒消肿（根）。

深裂竹根七

Disporopsis pernyi (Hua) Diels

功效：养阴润肺，生津止渴（根状茎）。

野百合

百合科

Lilium brownii F. E. Brown ex Miellez

功效：润肺止咳，清热，安神，利尿（鳞茎）。

山麦冬

百合科

Liriope spicata (Thunb.) Lour.

功效：养阴生津，润肺清心（块根）。

七叶一枝花

Paris polyphylla Smith

百合科

功效：清热解毒，消肿止痛（根状茎）。

大盖球子草

Peliosanthes macrostegia Hance

百合科

功效：祛痰止咳，疏肝止痛（根、根状茎）。

百合科

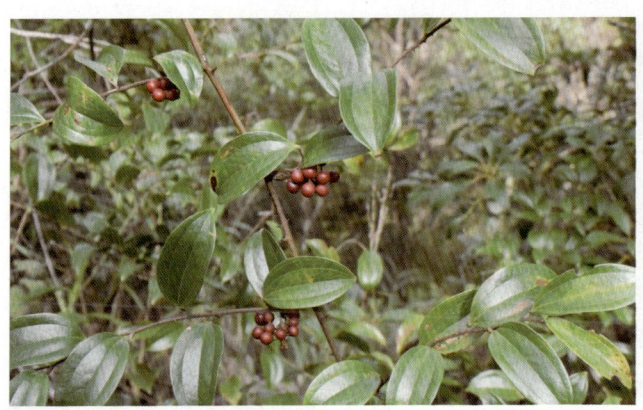

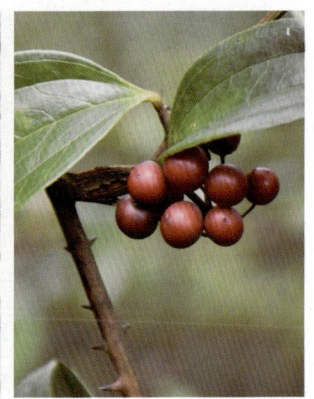

菝葜

Smilax china L.

功效： 祛风利湿，解毒消肿（块状茎、叶）。

百合科

土茯苓

Smilax glabra Roxb.

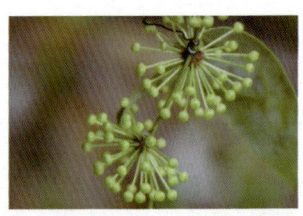

功效： 除湿，解毒，通利关节（根茎）。

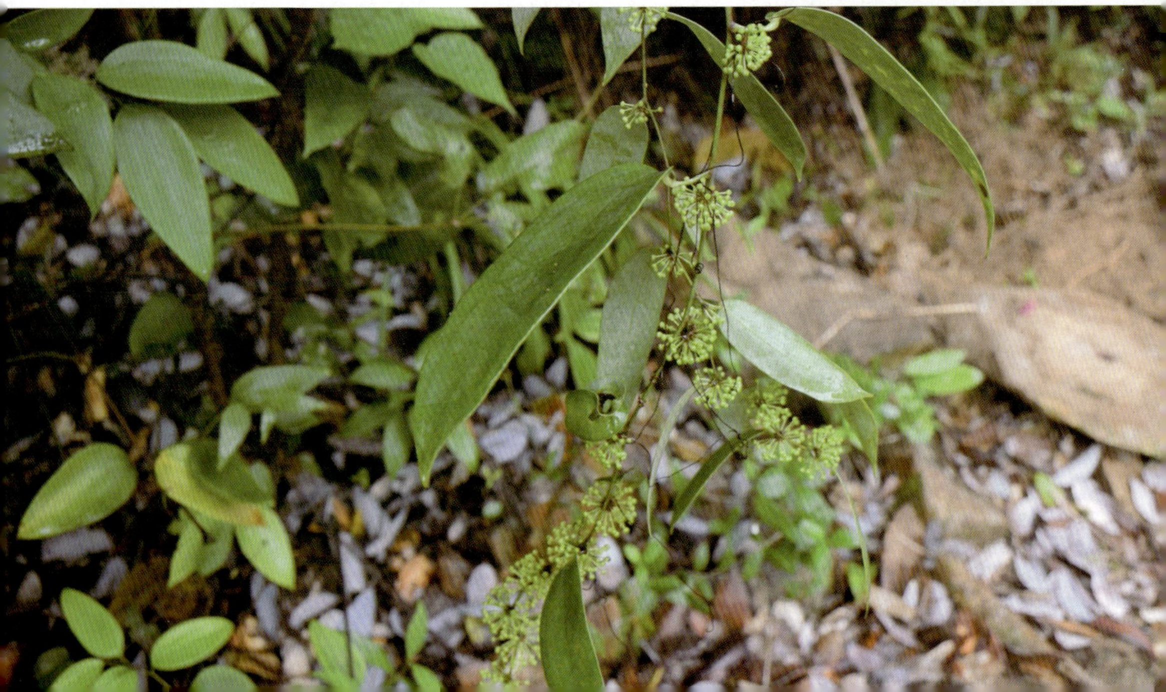

粉背菝葜

Smilax hypoglauca Benth.

功效：清热，除风毒（根茎、嫩叶）。

折枝菝葜

Smilax lanceifolia var. *elongata* (Warb.) Wang et Tang

功效：祛风利湿，解毒消肿（根茎）。

暗色菝葜
Smilax lanceifolia var. *opaca* A. DC.

功效：清热解毒，利湿（根茎）。

牛尾菜
Smilax riparia A. DC.

功效：祛风活络，祛痰止咳（根及根状茎）。

百部

Stemona japonica (Bl.) Miq

功效：润肺下气止咳，杀虫（块根）。

石蒜

Lycoris radiata (L'Her.) Herb.

功效：解毒，祛痰，利尿，催吐，杀虫（磷茎）。

被子植物（单子叶植物） | 205

鸭跖草科 竹节菜
Commelina diffusa N. L. Burm.

功效： 清热解毒，利水消肿（全草）。

鸭跖草科 大苞鸭跖草
Commelina paludosa Bl.

功效： 利水消肿，清热解毒，凉血止血（全草）。

聚花草

Floscopa scandens Lour.

鸭跖草科

功效：清热利水，解毒（全草）。

裸花水竹叶

Murdannia nudiflora (L.) Brenan

鸭跖草科

功效：清肺热，凉血解毒（全草）。

鸭跖草科

杜若
Pollia japonica Thunb.

功效： 理气止痛，疏风消肿（全草）。

禾本科

牛筋草
Eleusine indica (L.) Gaertn.

功效： 清热利湿，凉血解毒（根或全草）。

淡竹叶
Lophatherum gracile Brongn.

功效： 清热除烦，利尿（干燥茎叶）。

金丝草
Pogonatherum crinitum (Thunb.) Kunth

功效： 清热解毒，凉血止血，利湿（全草）。

棕榈科 **棕竹**
Rhapis excelsa (Thunb.) Henry ex Rehd.

功效：收敛止血（叶）。

棕榈科 **棕榈**
Trachycarpus fortunei (Hook.) H. Wendl.

功效：收涩止血（干燥叶柄）。

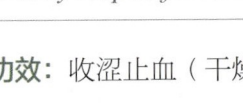

石菖蒲

Acorus tatarinowii Schott

天南星科

功效： 化湿开胃，开窍豁痰，醒神益智（根茎）。

海芋

Alocasia odora (Roxburgh) K. Koch

天南星科

功效： 清热解毒，行气止痛，散结消肿（根茎或茎）。

被子植物（单子叶植物） | 211

天南星科

芋

Colocasia esculenta (L.) Schott.

功效：健脾补虚，散结解毒（块茎）。

天南星科

千年健

Homalomena occulta (Lour.) Schott.

功效：祛风湿，健筋骨，活血止痛（根茎）。

天南星科

石柑子

Pothos chinensis (Raf.) Merr.

功效： 行气止痛，消积，祛风湿，散瘀解毒（全草）。

天南星科

犁头尖

Typhonium divaricatum (L.) Decne.

功效： 解毒消肿，散瘀止血（块茎及全草）。

露兜草

Pandanus austrosinensis T. L. Wu

露兜树科

功效：清热除湿（根）。

花葶薹草

Carex scaposa C. B. Clarke

莎草科

功效：清热解毒，活血散瘀（全草）。

海南山姜

Alpinia hainanensis K. Schumann

姜科

功效：温中散寒，行气止痛（成熟孢子）。

山姜

Alpinia japonica (Thunb.) Miq.

姜科

功效：祛风行气，健脾利湿，外用解毒（果实、叶）。

华山姜

Alpinia oblongifolia Hayata

功效： 止咳平喘，散寒止痛，除风湿，解疮毒（根茎）。

姜花

Hedychium coronarium Koen.

功效： 祛风散寒，温经止痛（根茎）。

姜科 姜
Zingiber officinale Roscoe

功效：解表散寒，温中止呕，化痰止咳（根茎）。

兰科 金线兰
Anoectochilus roxburghii (Wall.) Lindl.

功效：清热凉血，除湿解毒（全草）。

钩距虾脊兰

Calanthe graciliflora Hayata

兰科

功效： 清热解毒，活血止痛（全草）。

高斑叶兰

Goodyera procera (Ker.-Gawl.) Hook.

兰科

功效： 祛风除湿，止咳平喘（全草）。

斑叶兰

Goodyera schlechtendaliana Rchb. F.

功效：清肺止咳，解毒消肿，止痛（全草）。

见血青

Liparis nervosa (Thunb. ex A. Murray) Lindl.

功效：清热，凉血，止血（全草）。

索引 Index

A

矮冷水花 / 049

暗色菝葜 / 203

B

八角枫 / 133

拔毒散 / 119

菝葜 / 201

白苞蒿 / 184

白背枫 / 146

白背叶 / 099

白饭树 / 098

白桂木 / 042

白花丹 / 144

白花灯笼 / 161

白花地胆草 / 188

白花蛇舌草 / 154

白花益母草 / 164

白簕 / 134

白英 / 170

百部 / 204

百两金 / 140

柏拉木 / 129

斑叶兰 / 218

板蓝 / 176

半边莲 / 181

半边旗 / 021

半枝莲 / 166

薄荷 / 165

薄叶红厚壳 / 074

北京铁角蕨 / 026

蓖麻 / 100

薜荔 / 045

边缘鳞盖蕨 / 017

扁担藤 / 116

扁枝石松 / 007

变叶树参 / 134

C

蚕茧草 / 053

苍耳 / 194

糙叶树 / 041

草胡椒 / 070

草龙 / 132

草珊瑚 / 071

侧柏 / 038

常春藤 / 135

常山 / 078

车前 / 177

秤星树 / 110

赤楠 / 128

臭茉莉 / 160

楮头红 / 131

垂穗石松 / 008

垂序商陆 / 055

刺齿半边旗 / 018

刺瓜 / 151

刺蒴麻 / 120

粗毛耳草 / 155

翠云草 / 009

D

大苞鸭跖草 / 205
大盖球子草 / 200
大罗伞树 / 141
大叶冬青 / 110
大叶桂樱 / 082
大叶金牛 / 108
单叶双盖蕨 / 025
淡竹叶 / 208
倒挂铁角蕨 / 027
倒心叶珊瑚 / 133
灯台兔儿风 / 183
地蚕 / 167
地耳草 / 075
地菍 / 130
地钱 / 004
地桃花 / 120
定心藤 / 113
东风草 / 186
杜虹花 / 159
杜茎山 / 142
杜若 / 207
盾蕨 / 034
多花勾儿茶 / 114
多序楼梯草 / 047

E

鹅肠菜 / 057
鹅掌柴 / 135

鹅掌藤 / 136
二列叶柃 / 073

F

番木瓜 / 124
番石榴 / 127
翻白叶树 / 121
飞龙掌血 / 104
飞扬草 / 097
粉背菝葜 / 202
粉叶轮环藤 / 068
粪箕笃 / 069
枫香树 / 077
凤仙花 / 109
凤丫蕨 / 023
伏石蕨 / 032
福建观音座莲 / 011
傅氏凤尾蕨 / 019
馥芳艾纳香 / 185

G

橄榄 / 106
岗松 / 126
杠板归 / 054
高斑叶兰 / 217
高粱泡 / 085
葛 / 093
钩距虾脊兰 / 217
钩藤 / 158

钩吻 / 147
狗肝菜 / 175
狗脊 / 028
枸杞 / 169
构树 / 043
菰腺忍冬 / 177
瓜馥木 / 060
观音草 / 175
贯众 / 029
光叶子花 / 055
广防风 / 163
广西过路黄 / 143
广西马兜铃 / 072
鬼针草 / 185

H

海金沙 / 014
海金子 / 079
海南山姜 / 214
海芋 / 210
含羞草 / 092
含羞草决明 / 089
韩信草 / 167
寒莓 / 085
旱田草 / 172
何首乌 / 052
黑壳楠 / 062
红背山麻杆 / 096
红冬蛇菰 / 051

红凤菜 / 190

红根草 / 143

红花酢浆草 / 096

红马蹄草 / 137

红丝线 / 169

红腺悬钩子 / 084

猴耳环 / 087

厚果崖豆藤 / 091

葫芦茶 / 095

槲蕨 / 035

虎耳草 / 079

虎舌红 / 139

虎杖 / 054

花葶薹草 / 213

华南鳞盖蕨 / 017

华南毛蕨 / 025

华南实蕨 / 031

华南皂荚 / 090

华南紫萁 / 012

华山矾 / 145

华山姜 / 215

黄鹌菜 / 195

黄花倒水莲 / 107

黄荆 / 162

黄葵 / 117

黄皮 / 103

火炭母 / 053

藿香蓟 / 182

J

鸡矢藤 / 156

鸡眼草 / 091

积雪草 / 136

蕺菜 / 069

寄生藤 / 050

鲫鱼胆 / 142

夹竹桃 / 149

假地豆 / 090

假鹰爪 / 059

见血青 / 218

剑叶耳草 / 153

剑叶凤尾蕨 / 019

江南卷柏 / 009

江南星蕨 / 033

姜 / 216

姜花 / 215

绞股蓝 / 125

节节草 / 010

金疮小草 / 162

金剑草 / 157

金毛狗 / 015

金钮扣 / 193

金钱豹 / 179

金丝草 / 208

金线草 / 052

金线兰 / 216

金腰箭 / 193

金樱子 / 083

井栏边草 / 020

九管血 / 138

九节 / 157

九里香 / 104

聚花草 / 206

蕨 / 018

K

喀西茄 / 171

空心泡 / 086

宽叶金粟兰 / 071

阔鳞鳞毛蕨 / 030

L

拉拉藤（变种）/ 152

老鸦糊 / 159

了哥王 / 121

棱枝槲寄生 / 051

犁头尖 / 212

李 / 082

鳢肠 / 187

莲子草 / 058

莲座紫金牛 / 140

镰叶瘤足蕨 / 012

链珠藤 / 148

楝 / 107

两面针 / 105

亮叶猴耳环 / 093

裂叶秋海棠 / 124

岭南山竹子 / 074
流苏子 / 152
龙须藤 / 088
龙芽草 / 080
鹿藿 / 094
露兜草 / 213
卵叶半边莲 / 181
罗勒 / 165
罗伞树 / 141
裸花水竹叶 / 206
络石 / 150
绿黄葛树 / 045

M

麻楝 / 106
马齿苋 / 056
马㼎儿 / 125
马尾松 / 037
马缨丹 / 161
芒萁 / 013
毛柄短肠蕨 / 024
毛草龙 / 132
毛冬青 / 111
毛果算盘子 / 099
毛麝香 / 172
毛叶轮环藤 / 067
茅莓 / 086
密花豆 / 094
木防己 / 067

木芙蓉 / 118
木犀 / 146

N

南方红豆杉 / 039
南岭黄檀 / 089
南酸枣 / 108
南五味子 / 059
牛白藤 / 155
牛耳枫 / 102
牛筋草 / 207
牛尾菜 / 203
牛膝菊 / 189
扭瓦韦 / 033
糯米团 / 047

P

爬岩红 / 173
攀倒甑 / 179
炮仗花 / 174
枇杷 / 081
枇杷叶紫珠 / 160
瓶尔小草 / 010
朴树 / 041

Q

七星莲 / 123
七叶一枝花 / 200
荠 / 076

千根草 / 098
千里光 / 191
千年健 / 211
琴叶榕 / 044
青江藤 / 112
青葙 / 058
全缘凤尾蕨 / 020

R

忍冬 / 178
绒毛润楠 / 063
如意草 / 122
锐尖山香圆 / 113

S

赛葵 / 119
三叉蕨 / 030
三桠苦 / 103
三叶崖爬藤 / 117
伞房花耳草 / 154
桑 / 046
桑寄生 / 050
山黄麻 / 042
山鸡椒 / 063
山菅 / 198
山姜 / 214
山蒟 / 070
山麦冬 / 199
山乌桕 / 101

山血丹 / 139
杉木 / 037
珊瑚树 / 178
珊瑚樱 / 170
扇叶铁线蕨 / 022
少花柏拉木 / 128
少花龙葵 / 171
蛇莓 / 081
蛇足石杉 / 006
深裂竹根七 / 198
深绿卷柏 / 008
沈氏十大功劳 / 066
肾茶 / 163
肾蕨 / 031
石斑木 / 083
石菖蒲 / 210
石柑子 / 212
石龙芮 / 065
石松 / 007
石蒜 / 204
石韦 / 035
柿 / 144
匙叶茅膏菜 / 076
书带蕨 / 023
鼠麴草 / 190
双盖蕨 / 024
水东哥 / 073
水团花 / 151
酸叶胶藤 / 149

碎米荠 / 077
穗花杉 / 038
桫椤 / 015

T
胎生铁角蕨 / 026
台湾榕 / 044
桃 / 080
桃金娘 / 127
藤构 / 043
藤槐 / 088
藤石松 / 006
天胡荽 / 137
天门冬 / 197
铁冬青 / 111
通奶草 / 097
铜锤玉带草 / 182
土茯苓 / 201
土人参 / 057
团叶陵齿蕨 / 016

W
威灵仙 / 065
尾花细辛 / 072
乌桕 / 101
乌蕨 / 016
乌蔹莓 / 115
乌毛蕨 / 027
乌药 / 061

蜈蚣草 / 021
五岭龙胆 / 147
五月艾 / 184
五爪金龙 / 158
雾水葛 / 049

X
豨莶 / 192
细风轮菜 / 164
细圆藤 / 068
细轴荛花 / 122
显齿蛇葡萄 / 115
线萼山梗菜 / 180
香花崖豆藤 / 092
香叶树 / 062
小蜡 / 145
小蓬草 / 189
小叶海金沙 / 014
小叶冷水花 / 048
小叶买麻藤 / 039
薤白 / 197
杏香兔儿风 / 183
锈毛莓 / 084
血见愁 / 168

Y
鸭公树 / 064
鸭脚茶 / 129
盐肤木 / 109

羊耳菊 / 191
羊角拗 / 150
野百合 / 199
野甘草 / 173
野菊 / 186
野鸦椿 / 112
野雉尾金粉蕨 / 022
叶下珠 / 100
夜香牛 / 194
夜香树 / 168
一点红 / 188
一枝黄花 / 192
异药花 / 130
异叶爬山虎 / 116
阴香 / 060
友水龙骨 / 032
柚 / 102
鱼眼草 / 187
禺毛茛 / 066

羽裂星蕨 / 034
玉叶金花 / 156
芋 / 211
元宝草 / 075
圆锥绣球 / 078

Z

樟 / 061
长春花 / 148
长萼堇菜 / 123
长叶轮钟草 / 180
长籽柳叶菜 / 131
折枝菝葜 / 202
栀子 / 153
枳椇 / 114
中国野菰 / 176
中华复叶耳蕨 / 029
中华里白 / 013
钟花草 / 174

朱槿 / 118
朱砂根 / 138
珠芽狗脊 / 028
竹节菜 / 205
竹叶花椒 / 105
苎麻 / 046
紫麻 / 048
紫茉莉 / 056
紫楠 / 064
紫萁 / 011
紫苏 / 166
紫薇 / 126
紫云英 / 087
紫芝 / 002
棕榈 / 209
棕竹 / 209
酢浆草 / 095